四川省工程建设地方标准

四川省绿色学校设计标准

DBJ51/T 020 – 2013

Design Code for Green School in Sichuan Province

主编单位：中国建筑西南设计研究院有限公司
批准部门：四川省住房和城乡建设厅
施行日期：2 0 1 4 年 3 月 1 日

西南交通大学出版社

2014 成都

图书在版编目（CIP）数据

四川省绿色学校设计标准 / 中国建筑西南设计研究院有限公司主编. —成都：西南交通大学出版社，2014.9

ISBN 978-7-5643-3422-2

Ⅰ.①四… Ⅱ.①中… Ⅲ.①生态建筑 – 教育建筑 – 建筑设计 – 设计标准 – 四川省 Ⅳ.①TU244-65

中国版本图书馆 CIP 数据核字（2014）第 204527 号

四川省绿色学校设计标准

主编　中国建筑西南设计研究院有限公司

责 任 编 辑	张　波
助 理 编 辑	姜锡伟
封 面 设 计	原谋书装
出 版 发 行	西南交通大学出版社 （四川省成都市金牛区交大路 146 号）
发行部电话	028-87600564　028-87600533
邮 政 编 码	610031
网　　　址	http://www.xnjdcbs.com
印　　　刷	成都蜀通印务有限责任公司
成 品 尺 寸	140 mm × 203 mm
印　　　张	3
字　　　数	74 千字
版　　　次	2014 年 9 月第 1 版
印　　　次	2014 年 9 月第 1 次
书　　　号	ISBN 978-7-5643-3422-2
定　　　价	28.00 元

各地新华书店、建筑书店经销
图书如有印装质量问题　本社负责退换
版权所有　盗版必究　举报电话：028-87600562

关于发布四川省工程建设地方标准
《四川省绿色学校设计标准》的通知

川建标发〔2013〕628号

各市州及扩权试点县住房城乡建设行政主管部门，各有关单位：

由中国建筑西南设计研究院有限公司主编的《四川省绿色学校设计标准》，已经我厅组织专家审查通过，现批准为四川省推荐性工程建设地方标准，编号为：DBJ51/T 020－2013，自2014年3月1日起在全省实施。

该标准由四川省住房和城乡建设厅负责管理，中国建筑西南设计研究院有限公司负责技术内容解释。

四川省住房和城乡建设厅

2013年12月31日

前　言

根据四川省建设厅《关于下达四川省工程建设地方标准<四川省绿色学校设计标准>编制计划的通知》（川建科发〔2010〕275号），中国建筑西南设计研究院有限公司作为主编单位，会同有关单位共同编制本标准。

本标准编制过程中，进行了较为广泛的调查研究和计算分析，与国内外专家进行过多次专题讨论，在广泛征求意见的基础上完成。

本标准内容共有9章：第1章总则；第2章术语；第3章为基本规定；第4～9章为主要技术内容，具体包括场地与室外环境、建筑设计与室内环境、建筑材料、暖通空调、给水排水、建筑电气。

本标准由四川省住房和城乡建设厅负责管理，中国建筑西南设计研究院负责具体技术内容的解释。

本标准在执行过程中，请各单位注意总结经验，及时将有关意见和建议反馈给中国建筑西南设计研究院有限公司（地址：成都市天府大道北段 866 号节能中心，邮编：610042，Email：gao3066@126.com），以供修订时参考。

主编单位：中国建筑西南设计研究院有限公司

参编单位：建设部绿色建筑评估办公室
　　　　　清华大学
主要起草人：冯　雅　　戎向阳　　高庆龙　　宋　凌
　　　　　　林波荣　　李　波　　李先进　　邱小勇
　　　　　　李慧群　　钟辉智
主要审查人：付祥钊　　储兆佛　　秦　钢　　唐　明
　　　　　　刘小舟　　王　洪　　汪立飞

目　次

1 总 则

1.0.1 为贯彻执行节约资源和保护环境的国家技术经济政策，完善我省绿色学校建设体系，推动绿色学校建筑的可持续发展，规范绿色学校的设计和建设，制定本标准。

1.0.2 本标准适用于四川省城镇、农村新建、改建和扩建绿色中小学学校规划与建筑设计。其中校园建筑具体包括教学用房及教学辅助用房、办公用房及生活用房等。

1.0.3 绿色学校设计应综合考虑其全寿命周期的技术与经济特性，并注重其对学生环境教育的作用，采用有利于促进建筑与环境可持续发展的场地、建筑形式、技术、设备和材料。

1.0.4 本标准通过场地选择、规划与建筑设计、控制能源消耗、水资源消耗、材料与资源、室内环境质量等环节，引导学校中绿色建筑和绿色校园环境的建设，为学校的环境教育提供良好教材和教育环境，促进绿色学校的全面发展。

1.0.5 绿色学校的设计除了应符合本标准外，尚应符合国家现行有关标准的规定。

2 术 语

2.0.1 绿色学校 green school

在其全寿命周期内最大限度地节约资源（节能、节水、节材、节地）、保护环境和减少污染，为师生提供健康、适用、高效的教学和生活环境，对学生具有环境教育功能，与自然环境和谐共生的学校。

2.0.2 建筑全寿命周期 building life cycle

从建筑物的选址、设计、建造、使用与维护到拆除建筑、处置废弃建筑材料的整个过程。

2.0.3 绿色学校增量成本 incremental cost of green school

与满足现行国家和地方标准的基准建筑的学校相比，因实施绿色学校建设而产生的投资成本的变化。

2.0.4 环境教育 environment education

以可持续发展思想为指导，在学校全面的日常工作中纳入有益于环境的管理措施，并不断改进，充分利用校内外的一切资源和机会，全面提升师生环境素养的教育。

2.0.5 被动式技术措施 passive techniques

通过优化建筑设计，采用非机械、不耗能或少耗能的方式，改善室内环境，使其满足使用要求的技术措施。

2.0.6 主动式技术措施 active techniques

通过采取消耗能源的机械系统，改善室内环境，使其满足使用要求的技术措施。

3 基本规定

3.0.1 绿色学校的设计应贯彻以人为本、因地制宜的原则，结合建筑所在地域的人文、气候、资源、生态环境、经济等特点，综合考虑绿色建筑的建造、运营和满足利用学校建筑和环境进行环境教育的功能。

3.0.2 绿色学校设计考虑绿色建筑和环境教育以及科学教育，同时考虑全寿命周期的技术与经济特性，采用有利于促进建筑与环境可持续发展的场地、建筑形式、技术、设备和材料。

3.0.3 绿色学校设计体现共享、平衡、集成的理念。在设计过程中，规划、建筑、结构、给水排水、暖通空调、电气与智能化、经济等各专业应考虑其作为教育场所和环境教育的作用，紧密配合。

3.0.4 方案和初步设计阶段的设计文件应有绿色学校设计专篇，施工图设计文件中应注明对绿色建筑施工与建筑运营管理的技术要求。

3.0.5 绿色学校设计应在设计理念、方法、技术应用等方面进行创新。

4 场地与室外环境

4.1 一般规定

4.1.1 学校选址和规划应符合城乡建设规划的要求。

4.1.2 对学校的建设规模和土地利用情况进行充分的论证,提高土地利用率,节约土地。学校应按照服务半径内的生源状况确定建设规模,可分期建设,分期利用。

4.1.3 应提高场地空间的利用效率和场地周边公用设施的资源共享。

4.1.4 场地规划应考虑室外环境的质量,根据建筑的使用需求和特点优化布局并进行场地环境生态补偿。

4.2 场地要求

4.2.1 在保证安全的前提下,应优先选择已开发用地或废弃地。

4.2.2 宜选择具备良好市政基础设施的场地,并应根据市政条件进行场地建设容量的复核。

4.2.3 学校场址环境质量不应对师生的安全、健康造成威胁。

4.3 场地资源利用和生态环境保护

4.3.1 应对场地内外可资利用的自然资源、市政基础设施和公共服务设施进行调查与利用评估，应保护用地及其周围的自然环境，不得破坏自然水系、生态湿地和森林，尽可能不改变地形、地貌。

4.3.2 应对可资利用的可再生能源进行勘查与利用评估，进行合理利用。

4.3.3 应对场地的生物资源情况进行调查，应保护场地及周边的生态平衡和生物多样性。

4.3.4 应进行场地雨水利用的评估和规划，应减少场地雨水径流量。

4.3.5 应对场地内既有建筑的利用进行规划，在改建、扩建工程中宜充分利用学校原有的建设资源、场地自然条件及尚可使用的旧建筑。

4.3.6 应规划校园内垃圾收集及回收利用的场所或设施，应采取垃圾分类收集的方式。

4.3.7 场地资源利用和环境保护应同时考虑为学校进行环境教育提供条件。

4.4 场地规划与室外环境

4.4.1 场地光环境应满足下列要求：

1 学校规划应保证公共活动区域和公共绿地大寒日不小于 1/3 的区域获得符合日照标准的阳光。

2 应控制在昼间日光和夜间室外照明作用下，地面反射光的眩光限制符合现行国家相关标准的规定。

3 当建筑采用大面玻璃幕墙时，避免其在日光照射下对其他房间的光污染。

4.4.2 场地风环境应满足下列要求：

1 建筑规划布局应营造良好的风环境，保证舒适的室外活动空间和室内良好的自然通风条件，减少气流对区域微环境和建筑本身的不利影响，营造良好的夏季和过渡季自然通风条件。

2 在寒冷和严寒地区，建筑规划时应避开冬季不利风向，并宜通过设置防风墙、板、植物防风带、微地形等挡风措施来阻隔冬季冷风。

3 应进行场地风环境典型气象条件下的模拟预测，优化建筑规划布局。

4.4.3 场地声环境设计应符合现行国家标准《声环境质量标准》GB 3096 的要求。应对场地周边的噪声现状进行检测，对项目实施后的环境噪声进行预测。当存在超过标准的噪声源时，采取以下措施：

1 噪声敏感建筑物应远离噪声源。

2 对固定噪声源应采用适当的隔声和降噪措施。

3 对交通干道的噪声采取声屏障或降噪路面等措施。

4.4.4 学校体育场、音乐教室等对邻里造成的噪声干扰不应超过国家标准对邻里单位的噪声质量所规定的限值。

4.4.5 场地设计宜采取降低热岛效应措施。

4.4.6 场地交通设计应满足以下要求：

1 主要出入口应尽量邻近公共交通设施布置，最远距离不宜超过 400m。

2 周边快速路及校外交通的主干道不应穿越校园。

3 避免使教室，教师、学生宿舍区直接邻近周边快速路或主干道布置。当不可避免时，采用降噪措施，增强围护结构的隔声性能，如微地形、绿化等，降低交通噪声对学校的影响。

4 设置必要的引导标识系统。

4.4.7 场地绿化景观设计应满足以下要求：

1 对建设用地中已有的古树、名木及成材树木采取原地保护措施；无法原地保留的成材树木采用异地栽种的方式保护。

2 宜根据场地环境进行复层种植设计，上下层植物应符合植物的生态习性要求。应优化草、灌木的位置和数量，宜增加乔木的数量。

3 场地栽植土壤条件影响植物正常生长时，应进行土壤改良。

4 应选择适应当地气候和场地种植条件、易维护、耐旱的乡土植物，不应选择易产生飞絮、有异味、有毒、有刺等对人体健康不利的植物。

5 场地内可绿化用地宜全部采用绿色植物覆盖，宜采用垂直绿化和屋顶绿化等立体绿化方式。

6 室外活动场地、道路铺装材料的选择除应满足场地功能要求外，宜选择透水性铺装材料及透水铺装构造。

7 避免采用"硬化"铺地的水景，鼓励有条件的地方采用人工湿地和自然水系营造景观。

5 建筑设计与室内环境

5.1 一般规定

5.1.1 建筑设计应按照被动优先的原则，通过采用被动式措施，提高室内环境质量，降低建筑能耗。

5.1.2 绿色学校设计，应综合考虑场地内外建筑日照、自然通风与噪声要求等，根据场地条件、建筑布局和周围环境，确定适宜的建筑形体。

5.1.3 建筑造型应简约。

5.2 空间合理利用

5.2.1 建筑设计应提高空间利用效率，提倡建筑空间与设施的共享。在满足使用功能的前提下，宜尽量减少交通等辅助空间的面积，并避免不必要的高大空间。

5.2.2 中小学相同使用功能以及同年级使用房间宜集中布置。

5.2.3 有噪声、振动的房间应远离有安静要求、人员长期居住或工作的房间或场所，如相邻设置时，必须采取可靠的措施。

5.2.4 校园内宜设置公共步行通道、公共活动空间、架空层等开放空间，公共开放空间应设置完善的无障碍设施，并宜考虑全天候的使用需求。在公共空间应考虑展览、宣传等进行环境教育功能的设施。

5.2.5 建筑设计应为绿色出行提供便利：

1 应有便捷的自行车库，并设置自行车服务设施。

2 建筑出入口的设置位置应方便利用公共交通及步行者进出。

5.2.6 宜充分利用坡屋顶空间，并宜合理开发利用地下空间。

5.3 日照和自然采光

5.3.1 规划与建筑单体设计时，应满足现行国家标准对日照的要求，应使用日照软件模拟进行日照分析。

5.3.2 应充分利用自然采光，房间的有效采光面积和采光系数除应符合国家现行标准《民用建筑设计通则》GB 50352和《建筑采光设计标准》GB/T 50033 的要求外，尚应符合下列要求：

1 学校建筑 80%以上的主要功能空间室内采光系数不宜低于现行国家标准《建筑采光设计标准》GB/T 50033 的要求。

2 利用自然采光时应采取措施避免产生眩光。

3 教室内采用自然采光时，应注意采光的均匀度，以避免室内光线强度差别太大。

4 外窗设置遮阳设施时，应同时满足日照和采光的要求。

5.3.3 可采用下列措施改善室内的自然采光效果：

1 采用采光井、采光天窗、下沉广场。

2 中间走廊的建筑，走廊两侧应设窗，门上设置亮子，改善走廊采光，顶层宜设置天窗并根据采光要求控制天窗面积。

3 采用反光板、散光板、集光、导光设备等措施。

5.4 通 风

5.4.1 建筑物的平面布局、空间组织、剖面设计和门窗设置，应有利于组织室内自然通风。宜对建筑室内风环境进行计算机模拟，优化自然通风系统方案。

5.4.2 应合理设计外窗的位置、方向和开启方式。外窗的开启面积应满足现行国家和地方相关标准和规范的要求。教室和宿舍等房间的外门和外窗上部应设可开启的亮子。

5.4.3 夏热冬冷地区和温和地区夏季仅依赖开窗通风不能实现基本热舒适的地区，教室、学生宿舍，应按下列规定设置电风扇，同时安装空调系统时，应尽量减少使用空调降温时间。

    1 教室应采用吊式电风扇。

    2 宿舍应采用有防护网且可变风向的吸顶式电风扇。

    3 电风扇应为低噪声型且转速可调，风速一般不大于 0.8m/s。

5.4.4 可采用下列措施加强建筑内部的自然通风：

    1 建筑中可采用导风墙、捕风窗、太阳能拔风道等诱导气流的措施。

    2 设有中庭的建筑宜在适宜季节利用烟囱效应引导热压通风。

5.5 室内热环境

5.5.1 建筑围护结构设计应满足国家和地方相关建筑节能设计标准的要求。

5.5.2 除严寒和寒冷地区外，主要功能空间外窗应采取外遮阳措施，并应对夏季遮阳和冬季阳光利用进行综合分析，其中西向外窗宜设置活动外遮阳。

5.6 室内声环境

5.6.1 必须控制学校教学用房的环境噪声，保证教师讲课达到必要的清晰度。主要教学用房墙体、顶部楼板的材质选用及构造设计应保证其空气声隔声量及撞击声隔声量符合表 5.6.1 的规定。

表 5.6.1 隔声要求

房间名称	空气声隔声标准（dB）	顶部楼板撞击声隔声单值评价量（dB）
语言教室、阅览室	≥50	≤65
普通教室、实验室等与不产生噪声的房间之间	≥45	≤75
普通教室、实验室等与产生噪声的房间之间	≥50	≤65
音乐教室等产生噪声的房间之间	≥45	≤65

5.6.2 下列部位的顶棚、楼面、墙面和门窗宜采取吸声和隔声措施：

    1 普通教学楼和办公楼建筑的走廊及门厅等人员密集场所。

    2 室内体育场、音乐教室、机房、水泵房等有噪声污染的设备用房。

3 可采用浮筑楼板、弹性面层、隔声吊顶、阻尼板等措施加强楼板撞击声隔声性能。

5.6.3 在对教室内的噪声进行评估时，应保证在教室开窗的条件下，教室的允许噪声级满足相关标准要求。

5.6.4 屋面板采用轻型屋盖或采用轻型金属遮阳板时，宜采用防止雨噪声的措施。

5.6.5 应选用低噪声设备，设备、管道应采用有效的减振、隔振、消声措施。对产生振动的设备基础应采取隔振措施。

5.6.6 当设置电梯时，电梯机房及井道应避免与有安静要求的房间相邻，当受条件限制而紧邻布置时，应采取下列隔声降噪措施：

　1 电梯机房墙面及顶棚应做吸声处理，门窗应选用隔声门窗，地面应做隔声处理。

　2 电梯井道与安静房间之间的墙体做隔声构造处理。

　3 电梯设备应采取减振措施。

5.7 室内空气质量

5.7.1 室内空气质量应满足相关国家要求。

5.7.2 室内装饰装修材料必须满足相应现行国家标准的要求，材料中醛、苯、氨、氡等有害物质必须符合国家现行标准GB 18580～18588、《建筑材料放射性核素限量》GB 6566 和《民用建筑工程室内环境污染控制规范》GB 50325 等标准的要求。

5.7.3 复印室、打印室、垃圾间、清洁间等产生异味或污染物的房间应独立设置。

5.8 建筑工业化

5.8.1 宜采用工业化装配式体系或工业化部品，可选择下列构件或部品：

    1 预制混凝土构件、钢结构构件等工业化生产程度较高的构件。

    2 装配式隔墙、多功能复合墙体、成品栏杆、雨篷等建筑部品。

5.8.2 宜遵循模数协调统一的设计原则，建筑宜进行标准化设计，包括平面空间、建筑构件、建筑部品的标准化设计。

5.8.3 宜采用现场干式作业的技术及产品，采用工业化的装修方式。

5.8.4 现浇混凝土应选用预拌混凝土，砂浆宜选用预拌砂浆。

5.8.5 宜采用结构构件与设备、装修分离的方式。

5.9 延长建筑寿命

5.9.1 设计宜考虑建筑使用功能变化及空间变化的适应性。

5.9.2 频繁使用的活动配件应选用长寿命的产品，应考虑部品组合的同寿命性；不同使用寿命的部品组合在一起时，其构造应便于分别拆换更新和升级。

5.9.3 建筑外立面应选择耐久性好的外装修材料和建筑构造，并宜设置便于建筑外立面维护的设施。

5.9.4 结构设计使用年限可高于现行国家标准《建筑结构可靠度设计统一标准》GB 50068 的规定。结构构件的抗力及耐久性应满足相应设计使用年限的要求。

5.9.5 新建建筑宜适当提高结构的可靠度及耐久性水平，包括荷载设计标准、抗风压及抗震设防水准等。

5.9.6 达到或即将达到结构设计使用年限的建筑，应根据国家现行有关标准的要求，进行结构安全性、适用性、耐久性等结构可靠性评定。根据结构可靠性评定要求，采取必要的加固、维护处理措施后，可按评估使用年限继续使用。

5.9.7 改扩建工程宜保留原建筑的结构构件，并应对原建筑的结构构件进行必要的维护加固。

6 建筑材料

6.1 一般规定

6.1.1 绿色学校建筑设计应提高材料的使用效率，节省材料的用量。

6.1.2 选用建筑材料应综合考虑其各项指标对绿色目标的贡献与影响。设计文件中应注明与实现绿色目标有关的材料及其性能指标。

6.2 节 材

6.2.1 在满足功能的前提下，应控制建筑规模与空间体量，并符合下列要求：

  1 建筑体量宜紧凑集中。

  2 在满足功能的前提下，宜采用较低的建筑层高。

6.2.2 建筑、结构、设备与室内装饰应进行一体化设计。

6.2.3 在保证安全性与耐久性的情况下，应通过优化结构设计控制材料的用量。

6.2.4 应合理采用高性能结构材料，以减少材料用量。

6.3 材料利用

6.3.1 材料选择时应评估资源的消耗量，选择资源消耗少、可集约化生产的建筑材料和产品。

6.3.2 选择材料时应评估其对能源的消耗量，并符合下列要求：

1 宜采用生产能耗低的建筑材料。

2 宜采用施工、拆除和处理过程中能耗低的建筑材料。

6.3.3 选择材料时应评估其对环境的影响，并符合下列要求：

1 应采用生产、施工、使用和拆除过程中对环境污染程度低的建筑材料。

2 不应选用可能导致臭氧层破坏或产生挥发性、放射性污染的材料。

3 宜采用无须外加装饰层的材料。

6.3.4 在保证性能的情况下，材料的选择宜符合下列要求：

1 宜选用可再循环材料、可再利用材料。

2 宜使用以各种废弃物为原料生产的建筑材料。

3 应充分使用建筑施工、旧建筑拆除和场地清理时产生的尚可继续利用的材料。

4 宜采用速生的材料及其制品。采用木结构时，宜利用速生木材制作的高强复合材料。

5 宜选用本地的建筑材料。

6.3.5 可采用功能性建材，并符合下列要求：

1 宜采用具有保健功能和改善室内空气环境的建筑材料。

2 宜采用能防潮、能阻止细菌等生物污染的建筑材料。

3 宜采用改善室内热环境，减少建筑能耗的建筑材料。

4 宜采用具有自洁功能的建筑材料。

6.3.6 宜采用耐久性优良的建筑材料。

6.3.7 宜采用轻质建材,并符合下列要求:

    1 宜采用轻集料混凝土等轻质建材。

    2 宜采用轻钢以及金属幕墙等轻量化建材。

7 暖通空调

7.1 一般规定

7.1.1 应根据工程所在地的地理气候条件、建筑功能的要求，遵循被动设计优先、主动优化的原则，选择适宜的室内环境参数，合理确定空调采暖系统形式。

7.1.2 应根据建筑全年动态负荷变化的模拟，分析能耗与经济性，选择合理的系统形式，并通过定量计算或计算机模拟的手段优化冷、热源的容量、设备数量配制，确定冷、热源的运行模式。

7.1.3 应结合工程所在地的能源结构和能源政策，通过技术经济比较分析，选择综合能源利用率高的冷热源，宜优先选用可再生能源。

7.1.4 严寒与寒冷地区的学校应设置采暖系统。

7.1.5 室内环境设计参数确定应符合相关规范要求。

7.2 暖通空调冷热源

7.2.1 建筑采暖、空调系统应优先选用电厂或其他工业余热作为热源。

7.2.2 供暖系统的热源不应采用直接电热方式。

7.2.3 燃气锅炉宜充分利用烟气的冷凝热，采用冷凝热回收装置或冷凝式炉型，并宜选用配置比例调节燃烧的炉型。

7.2.4 根据工程所在地的分时电价政策和建筑物暖通空调负荷的时间分布，经过经济技术比较合理时，宜采用蓄能形式的冷热源。

7.3 通风系统

7.3.1 经技术经济比较合理时，新风宜经排风热回收装置进行预冷或预热处理，热回收装置宜设置旁通风管并采用变频调速风机。

7.3.2 舒适性空调的全空气系统，应具备最大限度利用室外新风作冷源的条件。新风入口、过滤器等应按最大新风量设计，新风比应可调节以满足增大新风量运行的要求。排风系统的设计和运行应与新风量的变化相适应。

7.3.3 通风系统设计应考虑不同需求的通风系统之间的综合利用。消防排烟系统和人防通风系统宜利用平时的通风设备和管道。

7.3.4 复印室、打印室、卫生间、垃圾间、清洁间等产生异味或污染物的房间，应设置机械排风系统，并应维持该类房间的负压状态。

7.3.5 教室及除化学、生物实验室外的其他教学与学习用房间的通风应符合下列规定：

　　1 非严寒与非寒冷地区全年，严寒与寒冷地区除冬季外，应优先采用开启外窗的自然通风方式。

　　2 严寒与寒冷地区冬季，条件允许时，应采用排风热回收型机械通风方式。

7.3.6 生物与化学实验室、实验用药品储藏室的通风应符合下列规定：

1 应采用机械排风通风方式，各教室排风系统及通风柜排风系统均应单独设置。

2 室内气流组织应根据实验室性质确定，化学实验室宜采用下排风。

3 强制排风室外排风口宜高于建筑主体，其最低点应高于人员逗留地面 2.5m 以上。

7.3.7 公共卫生间应采用机械排风，并结合窗户的开闭组织气流，避免形成"短路"或流向教学区。

8 给水排水

8.1 一般规定

8.1.1 在方案设计阶段应制订水系统规划方案，统筹、综合利用各种水资源。

8.1.2 设置合理、完善的供水、排水系统。市政给水管网未覆盖的学校，其自备水源水质必须达到现行国家水质标准。市政污水管网未覆盖的学校，应有完善的污水处理设施，处理后的水质应达到现行国家排放标准。

8.2 非传统水源利用

8.2.1 非传统水源的处理出水必须达到相应的水质标准，其供水管道严禁与生活饮用水管道连接，且必须采取符合现行国家标准《建筑中水设计规范》GB 50336 和《建筑与雨水利用工程技术规范》GB 50400 规定的防止误接、误用、误饮措施。

8.2.2 使用非传统水源时，在处理、储存、输配过程中，应采取用水安全保障措施，严禁对人体健康和周围环境产生不良影响。

8.2.3 景观用水水源不得采用市政自来水和地下井水，应优先采用雨水。人工景观水体应采取水质保障措施。有条件时，宜采用湿地处理工艺处理景观用水。

8.2.4 应通过技术经济比较，确定合理的雨水入渗、雨水积蓄、处理及利用方案。

8.3 给水排水系统

8.3.1 有市政给水管网或自备水源供水的学校，应充分利用供水管网的水压直接供水。

8.3.2 当管网水压不能满足供水要求时，供水系统应进行合理的竖向分区。分区最低卫生器具配水点处的静水压不大于0.45MPa，并采取减压限流措施保证各用水点处的供水压力不大于0.20MPa。

8.3.3 当化学实验室给水水嘴的工作压力大于0.02MPa、急救冲洗水嘴的工作压力大于0.01MPa时，应采取减压措施。

8.3.4 学校建筑应根据地区差异和生活习惯，供应开水或饮用净水。

8.3.5 植物栽培园、小动物饲养园和运动场地宜设洒水栓及排水设施。

8.3.6 实验室化验盆排水口应设耐腐蚀的挡污箅；排水管道应采用耐腐蚀管材。

8.3.7 淋浴器设置数量较多的学生公共浴室，宜采用高位冷、热水箱以重力流的方式供水，并应符合下列要求：

    1 宜采用单管热水供水系统。

    2 热水配水管应布置成环状管网。

    3 宜采用脚踏式、感应式淋浴器。

8.4 节水措施

8.4.1 供水系统应采取严密的防漏措施。

8.4.2 卫生器具、水嘴、淋浴器等，应符合现行国家标准《节水型生活用水器具》CJ 164 和《节水型产品技术条件与管理通则》GB/T 18870 的要求。

8.4.3 公共卫生间采用大便槽、小便槽时，应设置红外感应自动冲洗装置。

8.4.4 绿化灌溉应采用微喷灌、滴灌等高效节水灌溉方式。当采用非传统水源灌溉时，宜采用微灌方式。

8.4.5 循环冷却水应采取可靠的水质稳定措施。

8.4.6 应按照分项计量的要求设置计量水表。

9 建筑电气

9.1 一般规定

9.1.1 应根据学校的布局、使用功能和设计标准等因素，制订合理的供配电系统、智能化系统方案，合理采用节能技术和设备。

9.1.2 学校的电气安全应符合国家和地方规范要求，当学校被确定为避灾疏散场所时，应设置自备发电机系统。

9.1.3 当在建筑屋顶或墙面采用太阳能光伏组件时，应进行建筑一体化设计。

9.1.4 风力发电机的选型和安装应避免对建筑物和周边环境产生噪声污染。

9.2 供配电系统

9.2.1 绿色学校的供配电系统应符合国家和地方相关规范要求。

9.2.2 教学用房和非教学用房的照明线路应分设不同支路，教学用房照明支路控制范围不宜超过 2 个教室。

9.2.3 建筑中门厅、走道和楼梯照明线路应设单独支路，并采用单独控制。

9.2.4 教学用房及教学辅助用房均应装设电源插座，电源插座与照明用电应分设不同支路。

9.2.5 实验室教学用电应设有短路保护、过载保护措施。

9.2.6 化学实验室设置机械排风,排风机应设专用动力电源。

9.3 照 明

9.3.1 具有自然采光条件的房间,应采用合理的人工照明布置和分组控制措施。宜采用智能照明系统,并设置随室外自然光的变化自动控制或调节人工照明照度的装置。

9.3.2 教室内的黑板应设专用的照明灯,其最低维持平均照度值不应低于 500 lx,黑板灯不应对学生和教师产生直接眩光,黑板面上的照明均匀度不应低于 0.80。

9.3.3 应选用高效照明光源灯具和节能附件,教室内灯管排列应采用长轴垂直于黑板的方向布置,宜采用无眩光的灯具。

9.3.4 多媒体教室内照明灯具宜采用与屏幕平行的分组控制方式。

9.3.5 室内照度、统一眩光值、一般显色指数等指标应满足现行国家标准《建筑照明设计标准》GB 50034 中的有关要求。

9.3.6 应采取措施避免室外照明造成的光污染。室外照明的光线不得直射进入室内,不得有直射光射入天空,建筑立面采用泛光照明时,应限制溢出建筑范围以外的光线。

9.3.7 各类房间或场所的照明功率密度值,应满足现行国家标准《建筑照明设计标准》GB 50034 规定的现行值要求,宜满足目标值要求。

9.3.8 针对学校建筑的使用特点采取合理的照明节能控制措施。

9.4 计量与智能化

9.4.1 应根据建筑功能、使用特点等对照明、电梯、空调、给排水等系统的用电能耗进行分项、分区或分层、分户的计量。计量装置宜集中设置,当条件限制时,宜采用集中远程抄表系统或卡式表具。

9.4.2 学校建筑宜具有对照明、空调、给排水、电梯等设备进行运行监控和管理的功能。

9.4.3 有条件时,学校建筑宜设置建筑设备能源管理系统,并亦具有对主要设备进行能耗监测、统计、分析和管理的功能。

本标准用词说明

1 为便于在执行本标准条文时区别对待，对要求严格程度不同的用词说明如下：

1）表示很严格，非这样做不可的：

正面词采用"必须"，反面词采用"严禁"；

2）表示严格，在正常情况下均应这样做的：

正面词采用"应"，反面词采用"不应"或"不得"；

3）表示允许稍有选择，在条件许可时首先应这样做的用词：

正面词采用"宜"，反面词采用"不宜"；

4）表示有选择，在一定条件下可以这样做的，采用"可"。

2 本标准中指明应按其他有关标准执行的写法为"应符合……的规定"或"应按……执行"。

四川省工程建设地方标准

四川省绿色学校建筑设计标准

DBJ51/T 020 – 2013

条 文 说 明

目　次

1 总　则

1.0.1 校园是社会的重要组成部分，是为国家提供发展支撑力量的重要摇篮和基地。校园拥有大量的建筑存量，设施多样、人口稠密、能源与资源消耗量大，是社会组成的一部分，也是社会能耗大户。当前，我国校园建筑设施量大面广，能源管理水平低，严重制约着绿色校园工作的深入持久开展。因此，必须牢固树立和认真落实科学发展观，坚持可持续发展理念，大力发展绿色校园建设。学校建筑兼有使用和教育功能的作用，占有重要的地位，理应优先进行绿色建筑和绿色学校的建设。发展绿色建筑应贯彻执行节约资源和保护环境的国家技术经济政策。中国推行绿色建筑的客观条件与发达国家存在差异，坚持发展中国特色的绿色建筑是当务之急，从规划设计阶段入手，追求本土、低耗、精细化是中国绿色建筑发展的方向。制定本标准目的是指导规划设计相关人员理解绿色学校设计的理念、掌握绿色学校设计的原则和方法规范和指导绿色建筑的设计，推进建筑业的可持续发展，规范绿色校园的评价工作，推动绿色校园的发展。

1.0.2 本标准不仅适用于新建学校的绿色设计，同时也适用于学校改建和扩建工程绿色设计。旧建筑的改建和扩建有利于充分发掘旧建筑的价值、节约资源、减少对环境的污染，随着社会发展，旧建筑的改造具有很大的潜力，绿色学校的理念也适用于和学校建设有关的旧建筑改造项目。

1.0.3 本标准是以推动学校建筑（包括校园选址、规划）的可持续发展为目标而编制的，旨在指导相关人员以绿色学校设计的理念、原则和方法，结合学校环境教育的特殊需要进行学校的设计。绿色学校在全寿命周期内兼顾资源节约与环境保护，绿色学校设计应追求在建筑全寿命周期内，技术经济的合理和效益的最大化。为此，需要从项目全寿命周期的各个阶段综合评估建筑场地、建筑规模、建筑形式、建筑技术与投资之间的相互影响，综合考虑安全、耐久、经济、美观、健康等因素，比较、选择最适宜的建筑形式、技术、设备和材料。过度追求形式或奢华的配置都有悖于绿色学校建设理念。

学校建筑是教育场所，应使其兼有使用和环境教育的功能。学校建筑的规划和设计的好坏，不仅影响建筑的使用功能，还影响着下一代的成长和健康、学习效率。在建筑设计中融合绿色建筑相关环境教育和环保教育理念，并采取系列技术措施使其成为摸得见看得着的实物。在学生的成长过程中，通过建筑本身，以及学生对学校各事物的观摩和好奇，时时进行着绿色环保的教育，由此说来，绿色学校的建设意义深远。

1.0.6 符合国家的法律法规与相关标准是进行绿色学校建筑设计的必要条件。本标准未全部涵盖通常建筑物所应有的功能和性能要求，而是着重提出与绿色建筑性能相关的内容，主要包括节能、节地、节水、节材与保护环境等方面。因此建筑的基本要求，如结构安全、防火安全等要求不列入本标准。设计时除应符合本标准要求外，还应符合国家现行有关标准的规定。

2 术 语

2.0.1 2003 年，国家环保总局宣教中心编写了《中国绿色校园指南》，作为绿色学校创建的指导性文件。《中国绿色校园指南》中为绿色学校做出了这样的定义："绿色学校是指学校在实现其基本教育功能的基础上，以可持续发展思想为指导，在学校全面的日常工作中纳入有益于环境的管理措施，并不断改进，充分利用校内外的一切资源和机会，全面提升师生环境素养的学校"。由定义可以看出，绿色学校的定义专指学校的可持续和环保思想。

从全寿命周期和硬件建设为软件建设相互依存的关系上考虑，绿色学校的概念包括两部分内容：绿色的学校设施和学校的环境教育。绿色的学校设施包括学校内建筑、环境设施与校园的运营管理符合绿色建筑的相关要求；环境教育是对师生实施以可持续发展的环境理念为指导的环境素养教育。绿色的学校设施本身为环境教育的教材，环境教育又可以让学生加深对学校建设绿色特征的认识；也可以说,前者为绿色学校的"硬件"，后者为绿色学校的"软件"，二者相辅相成，缺一不可，由此对绿色学校的概念和内涵进行了补充和完善。

2.0.3 经济学中的增量成本是指在各种方案的成本比较决策时，选定某一方案为基本方案，然后将其他方案与之相比较时所增加的成本，是差别成本的一种表现形式。因此，基准方案的确定对增量成本的计算非常关键。要想得到绿色学校技术增量成本，则必须明确界定与之对比的基准方案。基准方案按照国家和/或地方标准设计的建筑如果是前期介入的方案，则绿色学校技术增量成本的基准方案定义为按照国家和/或地方标准设计的建筑。绿色学校技术增量成本即为：以目前国家或地方设计标准要求设计的、当地的材料和设备市场准入制度规定定价的产品为基准方案成本，项目实际设计因采用先进方案或高效设备而增加的成本。增量成本具有相对性，增量成本的数值既可以是正的，也可以是负的，表示投资成本的增加值或减少值。

2.0.5 被动式技术措施多指利用阳光、风力、气温、湿度、地形、植物等场地的自然条件，降低建筑的采暖、空调和照明能耗，提高室内外环境性能的技术措施。通常包括被动式太阳能利用、天然采光、自然通风、围护结构的保温、隔热、遮阳、蓄热、绿化、蒸发、雨水入渗等措施。

3　基本规定

3.0.1　四川省各地气候、地理环境、自然资源、经济发展与社会习俗等有着较大差异。绿色学校设计应注重地域性，因地制宜、实事求是，充分考虑建筑所在地域的气候、资源、自然环境、经济、文化等特点，考虑各类技术的适用性，特别是技术的本土适宜性。因此，必须注重研究地域、气候和经济等特点，因地制宜、因势利导地控制各类不利因素，有效利用对建筑和人的有利因素，以实现极具地域特色的绿色学校设计。

绿色学校设计应坚持以下原则：

1　集约化原则。提倡朴实简约，反对浮华铺张。注重结合学校的特点，合理使用土地资源，节约能源，节约用水，节约材料，保护环境。提倡分步骤实施，而不应追求奢华浪费，超过使用需要，造成大量资源闲置。

2　人与环境和谐原则。树立"人与环境和谐发展"的思想，在提高学校教育、学习、生活质量，改善学校建筑的舒适性和健康性的同时，强调保护环境、节约资源，提倡公众参与设计、建设和管理，在学生的成长过程中，通过建筑本身，时时进行着绿色环保的教育。

3　因地制宜原则。建筑设计应充分体现四川地区的气候特点、抗震要求、经济状况和自然环境特征，通过低成本被动式策略和先进设计理念的有机结合，因地制宜地使用创造出具有时代特点和地域特征的空间环境。

4　全生命周期设计原则。应从建筑材料、设备的全生命周期效益成本出发，优化规划、设计、施工和运营阶段的建筑设计，以减少资源消耗，保护环境。

5 循环再生利用原则。强调建筑材料、制品和设备的设计、选择和使用应强调其可循环再生利用的性能。

以教育功能为目的的技术选用，可以综合考虑其教育功能和技术经济特性。比如以认知教育为目的设置太阳能光伏电池板、太阳能热水器、风光互补路灯等等。

3.0.3 绿色学校设计过程中应以共享、平衡为核心，通过优化流程、增加内涵、创新方法实现集成设计，全面审视、综合权衡设计中每个环节涉及的内容，以集成工作模式为业主、工程师和项目其他关系人创造共享平台，使技术资源得到高效利用。

绿色建筑的共享有两个方面的内涵：第一是建筑设计的共享，建筑设计是共享参与权的过程，设计的全过程要体现权利和资源的共享，关系人共同参与设计。第二是建筑本身的共享，建筑本是一个共享平台，设计的结果是要使建筑本身为人与人、人与自然、物质与精神、现在与未来的共享提供一个有效、经济的交流平台。学校作为国家的资源，其部分设置（体育场地、报告厅、图书资料室等教学资源）在课余时间宜与社区共享。为此，设计应使这些设施既不影响教学持续又方便社区共享。

实现共享的基本方法是平衡，没有平衡的共享可能会造成混乱。平衡是绿色学校设计的根本，是需求、资源、环境、经济等因素之间的综合选择。要求建筑师在建筑设计时改变传统设计思想，全面引入绿色理念，结合建筑所在地的特定气候、环境、经济和社会等多方面的因素，并将其融合在设计方法中。

集成包括集成的工作模式和技术体系。集成工作模式衔接业主、使用者和设计师，共享设计需求、设计手法和设计理念。不同专业的设计师通过调研、讨论、交流的方式在设计全过程捕捉和理解业主和（或）使用者的需求，共同完成创作和设计，同时达到技术体系的优化和集成。

绿色学校设计强调全过程控制，各专业在项目的每个阶段都应参与讨论、设计与研究。绿色学校设计强调以定量化分析与评估为前提，提倡在规划设计阶段进行如场地自然生态系统、自然通风、日照与自然采光、围护结构节能、声环境优化等多种技术策略的定量化分析与评估。定量化分析往往需要通过计算机模拟、现场检测或模型实验等手段来完成，这样就增加了对各类设计人员特别是建筑师的专业要求，传统的专业分工的设计模式已经不能适应绿色建筑的设计要求。因此，绿色学校设计是对现有设计管理和运作模式的创造性变革，是具备综合专业技能的人员、团队或专业咨询机构的共同参与，并充分体现信息技术成果的过程。

绿色学校设计并不忽视建筑学的内涵，尤为强调从方案设计入手，将绿色设计策略与建筑的表现力相结合，重视与周边建筑和景观环境的协调以及对环境的贡献，避免沉闷单调或忽视地域性和艺术性的设计。

3.0.4 绿色学校中建筑设计是建筑全寿命周期中最重要的阶段之一，它主导了后续建筑活动对环境的影响和资源的消耗，方案设计阶段又是设计的首要环节，对后续设计具有主导作用。如果在设计的后期才开始绿色学校设计，很容易陷入简单的产品和技术的堆砌，并不得不以高成本、低效益作为代价。

设计策划是对建筑设计进行定义的阶段，是发现并提出问题的阶段，而建筑设计就是解决策划所提问题并确定设计方案的阶段。所以设计策划是研究建设项目的设计依据，策划的结论规定或论证了项目的设计规模、性质、内容和尺度；不同的策划结论，会给同样项目带来不同的设计思想甚至空间内容，甚至建成之后会引发人们在使用方式、价值观念、经济模式上的变更以及新文化的创造。因此，在建筑设计之前进行建筑策划是很有必要的。

在设计的前期进行绿色建筑策划，可以通过统筹考虑项目自身的特点和绿色建筑的理念，在对各种技术方案进行技术经济性的统筹对比和优化的基础上，达到合理控制成本、实现各项指标的目的。

在方案和初步设计阶段的设计文件中，通过绿色学校设计专篇对采用的各项技术进行比较系统的分析与总结；在施工图设计文件中注明对项目施工与运营管理的要求和注意事项，会引导设计人员、施工人员以及使用者关注设计成果在项目的施工、运营管理阶段的有效落实。

绿色学校设计专篇中一般应包括以下内容：

1 工程绿色目标与主要策略。

2 符合绿色施工的工艺要求。

3 确保运行达到设计的绿色目标的建筑使用说明书。

3.0.5 随着建筑技术的不断发展，绿色建筑的实现手段更趋多样化，层出不穷的新技术和适宜技术促进了绿色建筑综合效益的提高，包括经济效益、社会效益和环境效益。在设计创新的同时，应保证建筑整体功能的合理落实，同时确保结构、消防等基本安全要求。在提高建筑经济效益、社会效益和环境效益的前提下，绿色建筑鼓励结合项目特征在设计方法、新技术利用与系统整合等方面进行创新设计，如：

1 有条件时，优先采用被动式技术手段实现设计目标。

2 各专业宜利用现代信息技术协同设计。

3 通过精细化设计提升常规技术与产品的功能。

4 新技术应用应进行适宜性分析。

5 设计阶段宜定量分析并预测建筑建成后的运行状况，并设置监测系统。

4 场地与室外环境

4.1 一般规定

4.1.3 土地的不合理利用会导致土地资源的浪费，为了促进土地资源的节约和集约利用，鼓励提高场地的空间利用效率，可采取适当增加容积率、开发地下空间等方式提高土地空间利用效率，同时积极实践公用设施共享，减少重复建设，降低资源能源消耗。场地内公用设施建设要考虑提高资源利用效率，避免重复投资。改变过去分散的、小而全的公用配套设施建设的传统模式，实现区域设施资源共享。

4.1.4 场地规划应考虑建筑布局对场地室外风、光、热、声等环境因素的影响，考虑建筑周围及建筑与建筑之间的自然环境、人工环境的综合设计布局，考虑场地开发活动对当地生态系统的影响。

　　生态补偿就是指对场地整体生态环境进行改造、恢复和建设，以弥补开发活动引起的不可避免的环境变化影响。室外环境的生态补偿重点是改造、恢复场地自然环境，通过采取植物补偿等措施，改善环境质量，减少自然生态系统对人工干预的依赖，逐步恢复系统自身的调节功能并保持系统的健康稳定，保证人工-自然复合生态系统的良性发展。

4.2 场地要求

4.2.1 选择已开发用地或利用再生用地，是节地的首选措施。

绿色建筑场地选择可优先考虑再生用地。再生用地包括如经过生态改良的工业用地、垃圾填埋场、盐碱地、废弃砖窑等场地，特别是利用城市中工厂外迁后的场地，场地内的建筑应进行最大限度的保留和利用。当需要进行场地再生利用时，应满足下列要求：

　　1　对原有的工业用地、垃圾填埋场等可能存在健康安全隐患的场地，应进行土壤化学污染检测与再利用评估。

　　2　应根据场地及周边地区环境影响评估和全寿命周期成本评价，选择场地改造的措施。

　　3　改造或改良后的场地应满足现行国家相关标准的要求。

4.2.2　市政基础设施应包括供水、供热、供电、供气、道路交通和排水排污等基本市政条件。建设容量不仅与城市建设空间布局有关，而且受制于市政条件。因此应进行建设容量的复核，以保证建设项目的可持续运营。如场地周边只有一条公共交通线路时，应通过对交通流量的分析，复核是否能够满足场地出行流量和紧急救护等要求。

4.2.3　场址应安全可靠，并应满足下列要求：

　　1　应避开可能产生洪水、泥石流、滑坡等自然灾害的场址。

　　2　应避开地质断裂带、易液化土、人工填土等不利于建筑抗震的地段。

　　3　应避开容易产生风切变的场地。

　　4　当场地选择不能避开上述安全隐患时，应采取措施保证场地对可能产生的自然灾害或次生灾害有充分的抵御能力。

　　场地环境质量包括大气质量、噪声、电磁辐射污染、放射性污染和土壤氡浓度等，应通过调查，明确相关环境质量指标。当相关指标不满足现行国家相关标准要求时，应采取相应措施，并对措施的可操作性和实施效果进行评估，并应满足下列要求：

1 场地大气质量应符合现行国家相关标准的要求，且场地周边 500m 范围内无排放超标的污染源。

2 场地周边电磁辐射水平应符合现行国家电磁辐射防护相关标准的要求，并尽量避开能制造电磁污染的污染源。

3 场地土壤中氡浓度的测定及防护应符合现行国家相关标准的要求。

4 校园内严禁高压输电线及燃气管道穿过。

5 不应与集贸市场，娱乐场所，生产、经营、储藏有毒有害危险品、易燃易爆物品的场所，噪声等污染源，医院太平间、殡仪馆、消防站等不利于学生学习、身心健康和危及学生安全的场所毗邻。

6 中小学校址应选择在学生易于入学的地段，不得建在学生必须在无立交设施的情况下跨越城市干道或高速车道上学的地段。

7 学校主要入口不宜邻近交通干道，校门外应留有安全的缓冲场地，避免对城市交通的不利影响。

目前与土壤氡浓度的测定、防护、控制相关的现行国家标准主要有《民用建筑工程室内环境污染控制规范》（GB 50325 - 2001）。其第 4.1.1 条指出，新建、扩建的民用建筑工程设计前，必须进行建筑场地土壤中氡浓度的测定，并提供相应的检测报告；该规范还在第 4.2 节中提出了民用建筑工程地点土壤中氡浓度的测定方法及防氡措施。

4.3 场地资源利用和生态环境保护

4.3.1 应对可资利用的自然资源进行勘查,包括地形、地貌和地表水体、水系以及雨水资源。应对自然资源的分布状况、利用和改造方式进行技术经济评价,为充分利用自然资源提供依据。

1 保持和利用原有地形,尽量减少开发建设过程对场地及周边环境生态系统的改变。当需要进行地形改造时,应采取合理的改良措施,保护和提高土地的生态价值。

2 建设场地应避免靠近水源保护区;应尽量保护并利用原有场地水面。在条件许可时,尽量恢复场地原有河道的形态和功能。场地开发不能破坏场地与周边原有水系的关系,保护区域生态环境。应保护和利用地表水体,禁止破坏场地与周边原有水系的关系。应采取措施,保持地表水的水量和水质。

3 应保护并利用场地浅层土壤资源。场地表层土的保护和回收利用是土壤资源保护、维持生物多样性的重要方法之一。应调查场地内表层土壤质量。当表层土被开挖或可能遭破坏时,应采取妥善回收、保存和利用无污染的表层土的措施。

4 充分利用场地及周边已有的市政基础设施,可减少基础设施投入,避免重复投资。应调查分析周边地区公共服务设施的数量、规模和服务半径,避免重复建设,提高公共服务设施的利用效率和服务质量。应充分利用场地及周边已有的市政基础设施和公共服务设施。

5 为提高土地利用效率,应保证地表雨水的渗透涵养和大型树木的种植条件。

4.3.2 应对可资利用的可再生能源进行勘查,包括太阳能、风能、地下水、地源能等。应对资源分布状况和资源利用进行技术经济评价，为充分利用可再生能源提供依据。

利用地下水应通过政府相关部门的审批，应保持原有地下水的形态和流向，不得过量使用地下水，从而造成地下水位下降或场地沉降。场地建筑规划设计，不仅应满足现行国家相关的日照标准要求，还应为太阳能热利用和光伏发电提供有利条件。太阳能利用应防止建筑物的相互遮挡、自遮挡、局部热环境和清洁等因素对利用效率的影响。应对太阳能资源利用的适应性、季节平衡等进行定量评估。

场地风能利用时应注意场地地形地貌利用和改造以及建筑规划布局的影响。利用风能发电时应进行风能利用评估，包括选择适宜的风能发电技术，评估对场地声环境的影响等。一般情况下,风力发电装置应设置在风力条件较好的地块周围或建筑屋顶，或者没有遮挡的城市道路及公园，并采取措施以避免噪声干扰。利用地下水资源时，应取得政府相关部门的许可，并应对地下水系和形态进行评估。应采取措施，防止场地污水渗漏对地下水的污染。利用太阳能时，应对场地内太阳能利用条件等进行调查和评估。若因考虑利用方式对学生进行环境教育的作用，而对太阳能、风能等可再生资源利用时，应限制利用规模。

4.3.3 生物资源包括动物资源、植物资源、微生物资源和生态湿地资源。场地规划应因地制宜，与周边自然环境建立有机共生关系，保持或提升场地及周边地区的生物多样性指标。

1 应调查场地内的植物资源，宜保留和利用场地原有植被，应对古树名木采取保护措施。

2 应保护原有湿地。可根据场地特征和生态要求规划新的湿地。

3 应采取措施恢复或补偿场地及周边地区原有的生物生存条件。

4 应结合场地内的生态平衡和生物多样性，对学生进行环境教育提供条件。

4.3.4 雨洪保护是生态景观设计的重要内容，即充分利用河道、景观水体的容纳功能，通过不同季节的水位控制，减少市政雨洪排放压力，也为雨水利用、渗透地下提供可能。

4.3.5 旧城改造和城镇化进程中，既有建筑的保护和利用规划是节能减排的重要内容之一，也是保护建筑文化和生态文明的重要措施。大规模拆除重建与绿色建筑的理念是相悖的。

4.3.6 场地内的建筑垃圾和生活垃圾包括开发建设过程和学校运营过程中产生的垃圾。分类收集是回收利用的前提。

4.3.7 雨水利用、垃圾收集以及景观绿化等技术措施，应作为素质教育的素材或为学生进行环境教育提供条件。

4.4 场地规划与室外环境

4.4.1 日照对于建筑热环境、卫生条件以及居住人员心理感受均具有重要的作用，综合考虑多方面因素，场地的光环境应满足以下要求：

1 室外活动空间在冬季的时候能够获得有效阳光，是引导学生冬季开展室外活动的基础条件。因此，应通过日照模拟分析，确定室外绿地获得的阳光照射符合要求。这些工作应由规划师和景观设计师共同协作完成。

2 应根据室外环境最基本的照明要求进行室外照明规划及场地和道路照明设计。在运动场地和道路照明的灯具选配时，应分析所选用的灯具的光强分布曲线，确定灯具的瞄准角（投射角、仰角），控制灯具直接射向空中的光线及数量。建筑物立面采用泛光照明时应考核所选用的灯具的配光是否合适，设置位置是否合理，投射角度是否正确，预测有多少光线溢出校园范围以外。场地和道路照明设计中，所选用的路灯和投光灯的配光、挡光板设置、灯具的安装高度、设置位置、投光角度等都会可能对周围居住建筑窗户上的垂直照度产生眩光影响，需要通过分析研究确定。

3 玻璃幕墙的设计与选材应能有效避免光污染。玻璃幕墙所产生的有害光反射，是白天光污染的主要来源，应考虑玻璃幕墙的设置位置及其所选用的幕墙形式、玻璃产品等是否合适，并应符合《玻璃幕墙光学性能》（GB/T 18091 – 2000）的规定。

4.4.2 建筑布局不仅会产生二次风，还会严重地阻碍风的流动，在某些区域形成无风区和涡旋区，这对于室外散热和室内污染物排放是非常不利的，应尽量避免。

建筑布局采用行列式、自由式或采用"前低后高"和有规律的"高低错落"，有利于自然风进入到深处，使建筑前后形成压差，促进建筑自然通风。可采用计算机模拟手段优化设计。

当建筑呈一字平直排开且体形较长时，应在前排住宅适当位置设置过街楼以加强夏季或过渡季的自然通风。建筑过长，不仅不利于本身建筑的自然通风，对后排及周边建筑的自然通风也会有不利影响，应尽量避免，或者通过合理设定过街楼、首层架空等方式加以改进。

建筑布局会产生二次风和再生风，同时局部会有风速急剧增加的情况。基于1980年Visser关于室外热舒适的研究结果，建筑物周围行人区1.5m处风速 $v<5$m/s是不影响人们的正常室外活动的基本要求。因此以此作为设计的依据。风速和人的感觉的直接关系见表1。

表1 风速和人的感觉的直接关系

风 速	人的感觉
$v<5$m/s	舒适
5m/s$\leq v<$10m/s	不舒适，行动受到影响
10m/s$\leq v<$15m/s	很不舒适，行动受到严重影响
15m/s$\leq v<$20m/s	不能忍受
$v>$20m/s	危险

计算机模拟辅助设计是解决复杂布局条件下风环境评估和预测的有效手段。实际工程中应采用可靠的计算机模拟程序，合理确定边界条件，基于典型的风向、风速进行建筑风环境模拟。建筑群体的局部风环境宜达到下述要求：

1 在建筑物周围行人区1.5m处风速小于5m/s。

2 冬季保证建筑物前后压差不大于5Pa。

3 夏季保证75%以上的板式建筑前后保持1.5Pa左右的压差，避免局部出现旋涡和死角，从而保证室内有效的自然通风。关于风环境模拟，建议参考COST（欧洲科技研究领域合作组织）和AIJ（日本建筑学会）风工程研究小组的研究成果进行模拟，以保证模拟结果的准确性。具体要求如下：

1）计算区域：建筑覆盖区域小于整个计算域面积3%；以

目标建筑为中心，半径 *5H* 范围内为水平计算域。建筑上方计算区域要大于 *3H*。

2）模型再现区域：目标建筑边界 *H* 范围内应以最大的细节要求再现。

3）网格划分：建筑的一边应划分 10 个网格或以上；重点观测区域要在地面以上第 3 个网格和更高的网格内。

4）入口边界条件：给定入口风速的分布（梯度风）进行模拟计算，有可能的情况下入口的 k/e 也应采用分布参数进行定义。

5）地面边界条件：对于未考虑粗糙度的情况，采用指数关系式修正粗糙度带来的影响；对于实际建筑的几何再现，应采用适应实际地面条件的边界条件；对于光滑壁面，应采用对数定律。

4.4.3 根据不同类别建筑的要求对场地周边的噪声现状进行检测，并对规划实施后的环境噪声进行预测，使之符合现行国家标准《声环境质量标准》GB 3096 中对于不同类别居环境噪声标准的规定。对于交通干线两侧的区域，应满足白天 $L_{Aeq} \leqslant 70dB(A)$、夜间 $L_{Aeq} \leqslant 55dB(A)$ 的要求。一般需要在临街建筑外窗和围护结构等方面采取额外的隔声措施。

总平面规划中应注意噪声源及噪声敏感建筑物的合理布局，注意不把噪声敏感性高的建筑安排在邻近交通干道的位置，同时确保不会受到固定噪声源的干扰。通过对建筑朝向、定位及开口的布置，减弱所受外部环境噪声影响。

学校建筑室内声环境应满足现行国家标准《民用建筑隔声设计规范》(GB 50118 – 2010) 中规定的室内噪声标准。采用适当的隔离或降噪措施，如道路声屏障、低噪声路面、绿化降噪、限制重载车通行等隔离和降噪措施，减少环境噪声干扰。对于可能产生噪声干扰的固定的设备噪声源采取隔声和消声措施，降低环境噪声。

当拟建噪声敏感建筑不能避免邻近交通干线，或不能远离固定的设备噪声源时，应采取建筑隔声等措施来降低噪声干扰。

声屏障是指在声源与承受接收者之间插入的一个设施，使声波的传播有一个显著的附加衰减，从而减弱了接收者所在一定区域内的噪声影响，这一设施就叫声屏障。

声屏障主要用于高速公路、高架桥道路、城市轻轨地铁以及铁路等交通市政设施中的降噪处理，也可应用于工矿企业和大型冷却设备等噪声产生源的降噪处理。

4.4.4 教学要防止受到噪声干扰，但学校音乐课、体育课、课间操，甚至全班集体朗读对周边近邻都会造成噪声干扰。这需要通过在总平面规划设计中对周边环境、用地形状认真调查、分析、合理布局，才能避免出现无奈的局面。若用地条件过差时，需作相应调整。

4.4.5 地面铺装材料的反射率对建设用地内的室外平均辐射温度有显著影响，从而影响室外热舒适度，同时地面反射会影响周围建筑物的光、热环境。

屋顶材料的反射率同样对建设用地内的室外平均辐射温度产生显著影响，从而影响室外热舒适度。另外，低层建筑的屋面反射还会影响周围建筑物的光、热环境。因此，需要根据建筑的密度、高度和布局情况，选择地面铺装材料和屋面材料，以保证良好的局部微气候。

绿化遮阳是有效改善室外微气候和热环境的措施，植物的搭配选择应避免对建筑室内和室外活动区的自然通风产生不利影响。水景在场地中的位置与当地典型风向有关，避免将水景放在下风区。水景设计和植物种类选择应有机搭配。

可通过计算机模拟手段进行室外景观园林设计对热岛的影响分析，这项工作应由景观园林师和工程师合作完成，以便指导设计。

4.4.6 场地交通设计应处理好区域交通及内部交通网络之间的关系，附近有便利的公共交通系统；规划建设用地内应设置便捷的停车设施（包括自行车及汽车停放场地）；交通规划设计应遵循环保原则。建设用地周围至少有一条公共交通线路与城市中心区或其他主要交通换乘站直接联系。校园出入口到邻近公交站点的距离应控制在合理范围内。

4.4.7 场地内可绿化用地包括绿地、公共活动场地、停车场、生态水景、生态湿地、建筑立面、平台和屋顶等。乡土植物，指本地区原有天然分布或长期生长于本地、适应本地自然条件并融入本地自然生态系统的植物。

植物种类的选择与当地气候条件有关，如温度、湿度、降雨量等；还与场地种植条件有关，如原土场地条件、地下工程上方的覆土场地厚度、种植方式、种植位置等。就种植位置而言，垂直绿化植物材料的选择应考虑不同习性的攀缘植物对环境条件的不同需要，结合攀缘植物的观赏效果和功能要求进行设计，并创造满足其生长的条件。屋顶绿化的植物选择应根据屋顶绿化形式，选择维护成本较低、适应屋顶环境的植物材料；生态水景中水生植物的选择应根据场地微气候条件，选择具有良好的生态适应能力和生态营建功能的植物。

种植设计应满足场地使用功能的要求。如，室外活动场地宜选用高大乔木，枝下净空不低于 2.2m，且夏季乔木庇荫面积宜大于活动范围的 50%；停车场宜选用高大乔木庇荫，树木种植间距应满足车位、通道、转弯、回车半径的要求，场地内种植池宽度应大于 1.5m，并应设置保护措施。种植设计应满足安全距离的要求。如，植物种植位置与建筑物、构筑物、道路和地下管线、高压线等设施的距离应符合相关要求。集中绿地应栽植多种类型植物，采用乔、灌、草复层绿化。合理搭配树种。乔木量 ≥3 株/100m² 绿地，立体或复层种植群落占绿地面积 ≥20%。景观园林用地面积在 1hm² 以上时，木本植物种类 ≥40 种。

5 建筑设计与室内环境

5.1 一般规定

5.1.1 鼓励优先采用被动式设计方法，充分利用场地现有条件，来减少建筑能耗，提高室内舒适度。

5.1.2 建筑形体与日照、自然通风与噪声等因素都有密切的关系，在设计中仅仅孤立地考虑形体因素本身是不够的，需要与其他因素综合考虑，才有可能处理好节能、省地、节材等要求之间的关系。建筑形体的设计应充分利用场地的自然条件，综合考虑建筑的朝向、间距、开窗位置和比例等因素，使建筑获得良好的日照、通风采光和视野。规划与建筑单体设计时，宜通过场地日照、通风、噪声等模拟分析确定最佳的建筑形体。

可采用以下措施：

1 宜利用计算机日照模拟分析，以建筑周边场地以及既有建筑为边界前提条件，确定满足建筑物最低日照标准的最大形体与高度，并结合建筑节能和经济成本权衡分析。

2 夏热冬冷和夏热冬暖地区宜通过改变建筑形体如合理设计、底层架空或空中花园，改善后排住宅的通风。

3 建筑单体设计时，在场地风环境分析的基础上，宜通过调整建筑长宽高比例，使建筑迎风面压力合理分布，避免背风面形成涡旋区，并可适度采用凹凸面设计增加湿周，降低下沉风速。

4 建筑造型宜与隔声降噪有机结合，可利用建筑裙房或底层凸出设计等遮挡沿路交通噪声，且面向交通主干道的建筑面宽不宜过宽。

5.1.3 有些建筑由于体型过于追求形式新异，造成结构不合理、空间浪费或构造过于复杂等情况，引起建造材料大量增加或运营费用过高。这些做法不符合绿色建筑的原则，应该在建筑设计中避免。

为片面追求美观而以巨大的资源消耗为代价，不符合绿色建筑的基本理念。在设计中应控制造型要素中没有功能作用的装饰构件的应用。应用没有功能作用的装饰构件主要指：

1 不具备遮阳、导光、导风、载物、辅助绿化等作用的飘板、格栅和构架等，且作为构成要素在建筑中大量使用。

2 单纯为追求标志性效果，在屋顶等处设立塔、球、曲面等异形构件。

3 女儿墙高度超过规范要求 2 倍以上。

4 不符合当地气候条件，并非有利于节能的双层外墙(含幕墙)的面积超过外墙总建筑面积的 20%。

5.2 空间合理利用

5.2.1 学校中大厅、中庭、走廊等交通辅助空间，应同时满足学生开展室外展览、环境教育、休息、交往空间的需要，有效地提高空间的利用效率，节约用地、节约建设成本及对资源的消耗。还应通过精心设计，避免因设计不当形成一些很难使用或使用效率低的空间。

5.2.2 需求相同或相近的空间集中布置，根据房间声环境要求的不同，对各类房间进行布局和划分，可以达到区域噪声控制的良好效果。同年级使用的教室或宿舍集中布置便于管理，并可满足学生心理需要。

5.2.3 有噪声、振动的音乐教室、变配电房等设备机房和停车库，宜远离住宅、宿舍、办公室等人员长期居住或工作的房间或场所。

5.2.4 绿色建筑应尽量服务更多的人群，有条件时宜开放一些空间供社会公众享用，增加公众的活动与交流空间，提高绿色建筑空间的利用效率。

5.3 日照和自然采光

5.3.1 中小学校设计规范都对日照有具体明确的规定，设计时应根据不同气候区的特点执行相应的规范、国家和地方法规。

5.3.2 《建筑采光设计标准》GB/T 50033 和《民用建筑设通则》GB 50352 规定了各类建筑房间的采光系数最低值。

5.3.3 建筑功能的复杂性和土地资源的紧缺，使建筑进深不断加大，为了满足人们心理和生理上的健康需求并节约人工照明的能耗，就要通过一定技术手段将天然光引入地上采光不足的建筑空间和地下建筑空间内部。如导光管、光导纤维、采光搁板、棱镜窗等等，通过反射、折射、衍射等方法将自然光导入和传输。

　　为改善室内的自然采光效果，可以采用反光板、棱镜玻璃窗等措施将室外光线反射到进深较大的室内空间。无自然采光的大空间室内，尤其是儿童活动区域、公共活动空间，可使用导光管技术，将阳光从屋顶引入，以改善室内照明质量和自然光利用效果。

满足环境教育功能，对与局部黑房间可考量使用镜面反射式导光管、光导纤维导光系统，作为环境教育的教具。

5.4 通 风

5.4.1 如何将室外风引入室内，需要合理的室内平面设计、室内空间组织以及门窗位置与大小的精细化设计。防寒建筑物宜使主要房间，如卧室、起居室、办公室等主要工作与生活房间，避开冬季主导风向，防止冷风渗透。夏季防热建筑物宜使主要房间迎向夏季主导风向，将室外风引入室内。宜采用室内气流模拟设计的方法进行室内平面布置和门窗位置与开口的设置，综合比较不同建筑设计及构造设计方案，确定最优的自然通风系统方案。

5.4.2 开窗位置宜选在周围空气清洁、灰尘较少、室外空气污染小的地方，避免开向噪声较大的地方。高层建筑应考虑风速过高对窗户开启方式的影响。

建筑能否获取足够的自然通风与通风开口面积的大小密切相关，近来有些建筑为了追求外窗的视觉效果和建筑立面的设计风格，外窗的可开启率有逐渐下降的趋势，有的甚至使外窗完全封闭，导致房间自然通风不足，不利于室内空气流通和散热，不利于节能。

办公建筑与教学楼内的室内人员密度比较大，建筑室内空气流动，特别是自然、新鲜空气的流动，对提高室内工作人员与学生的工作、学习效率非常关键。日本绿色建筑评价标准（CASBEE for New Construction）对办公建筑和学校的外窗可开启面积设定了3个等级：

1 确保可开关窗户的面积达到居室面积的 1/10 以上。

2 确保可开关窗户的面积达到居室面积的 1/8 以上。

3 确保可开关窗户的面积达到居室面积的 1/6 以上。

为了最大化自然通风的效果，提高工作与学习效率，宜采用 1/6 的数值。

自然通风的效果不仅与开口面积有关，还与通风开口之间的相对位置密切相关。在设计过程中，应考虑通风开口的位置，尽量使之能有利于形成穿堂风。对于严寒和寒冷地区应避免冬季因为自然通风导致室内热量的流失，如设置门斗、控制通风口开启，使其既可满足新风需求，又避免过多冷风渗透。

5.5 室内热环境

5.5.1 建筑围护结构节能设计达到国家和地方节能设计标准的规定，是保证建筑节能的关键，在绿色建筑中更应该严格执行。我国由于地域气候差异较大，经济发达水平也很不平衡，节能设计的标准在各地也有一定差异；此外，学校建筑和住宅建筑在节能特点上也有差别，因此体型系数、窗墙面积比、外围护结构热工性能、外窗气密性、屋顶透明部分面积比的规定限值应参照各地以及建筑类型的要求。

鼓励绿色建筑的围护结构做得比国家和地方的节能标准更高，这些建筑在设计时应利用软件模拟分析的方法计算其节能率，以便判断其是否可以达到《绿色建筑评价标准》GB/T 50378 中优选项的标准。

5.5.2 西向日照对夏季空调负荷影响最大，西向主要使用空间的外窗应做遮阳措施。可采取固定或活动外遮阳措施，也可借助建筑阳台、垂直绿化等措施进行遮阳。南向宜设置水平遮阳，西向宜采取竖向遮阳等形式。

如果条件允许，外窗、玻璃幕墙或玻璃采光顶可以使用可调节式外遮阳，设置部位可优先考虑西向、玻璃采光顶、南向。可提高玻璃的遮阳性能，如南向、西向外窗选用低辐射镀膜（Low-E）玻璃，采用镀膜玻璃时，应使其可见光投射比不小于60%。可利用绿化植物进行遮阳，在进行景观设计时在建筑物的南向与西向种植高大乔木对建筑进行遮阳，还可在外墙种植攀缘植物，利用攀缘植物进行遮阳。

5.6 室内声环境

5.6.1 噪声问题日益严重，甚至成为污染环境的一大公害。人们每天生活在噪声环境中，对身心造成诸多危害：损害听力、降低工作效率甚至引发多种疾病，控制室内噪声水平已经成为室内环境设计的重要工作之一。

2008年，我国颁布实施的《声环境质量标准》（GB 3096 - 2008）为防治环境噪声污染，保护和改善工作、生活环境，保障人体健康，促进经济和社会发展而规定的环境中声的最高允许数值。

一个空间的围护结构一般来说是6个面，包括内墙、外墙、楼（地）面、顶板（屋面板）、门窗，这些都是噪声的传入途径，传入整个空间的总噪声级与这6个面的隔声性能、吸声性能、传声性能以及噪声源息息相关。所以室内隔声设计应综合考虑各种因素，对各部位进行构造设计，才能满足《民用建筑隔声设计规范》（GB 50118－2010）中的要求。

5.6.2 人员密集场所及设备用房的噪声多来自使用者和设备，噪声源来自房间内部，针对这种情况降噪措施应以吸声为主同时兼顾隔声。

顶棚的降噪措施多采用吸声吊顶，根据质量定律，厚重的吊顶比轻薄的吊顶隔声性能更好，因此宜选用面密度大的板材。吊顶板材的种类很多，选择时不但要考虑其隔声性能，还要符合防火的要求；另外在满足房间使用要求的前提下吊顶与楼板之间的空气层越厚隔声越好；吊顶与楼板之间应采用弹性连接，这样可以减少噪声的传递。墙体的隔声及吸声构造类型比较多，技术也相对成熟，在不同性质的房间及不同部位选用时，要结合噪声源的种类，针对不同噪声频率特性选用适合的构造，同时还要兼顾装饰效果及防火的要求。

5.6.5 基础隔振主要是消除设备沿建筑构件的固体传声，是通过切断设备与设备基础的刚性连接来实现的。目前，国内的减振装置主要包括弹簧和隔振垫两类产品。基础隔振装置宜选用定型的专用产品，并按其技术资料计算各项参数；对非定型产品，应通过相应的实验和测试来确定其各项参数。

管道减振主要是通过管道与相关构件之间的软连接来实现的。与基础减振不同，管道内的介质振动的再生贯穿整个传递过程，所以管道减振措施也一直延伸到管道的末端。管道与楼板或墙体之间采用弹性构件连接，可以减少噪声的传递。

暖通空调系统噪声一般是建筑室内背景噪声的主要组成部分，该类噪声过高则影响人们正常的谈话和交流甚至身体健康，过低则过分安静的室内环境会使人们听到不必要的噪声和其他房间的谈话。

空调系统、通风系统的管道必须设置消声器，靠近机房的固定管道应做减振处理，管道的悬吊构件与楼板之间应采用弹性连接。管道穿过墙体或楼板时应设减振套管或套框，套管或套框内径大于管道外径至少 50mm。

5.6.6 电梯噪声对相邻房间的影响可以通过一系列的措施缓解，机房和井道之间可设置隔声层来隔离机房设备通过井道向下部相邻房间传递噪声。井道与相邻房间可设置隔声墙或在井道内做吸声构造隔绝井道内的噪声。

5.7 室内空气质量

5.7.1 根据室内环境空气污染的测试数据表明，目前室内环境空气中以化学性污染最为严重，在学校建筑和居住建筑中，TVOC、甲醛气体污染严重，同时部分人员密集区域由于补充空气新风量不足而造成室内空气中二氧化碳超标。通过调查，造成室内环境空气污染的主要有毒有害气体（氨气污染除外）主要是通过装饰装修工程中使用的建筑材料、装饰材料、家具等释放出的。其中，机拼细木工板（大芯板）、三合板、复合木地板、密度板等板材类，内墙涂料、油漆等涂料类，各种黏合剂均释放出甲醛气体、非甲烷类挥发性有机气体，是造成室内环境空气污染的主要污染源。室内装修设计时应少用人造板材、胶黏剂、壁纸、化纤地毯等，禁止使用无合格报告的人造板材、劣质胶水等不合格产品，不使用添加甲醛树脂的木质和家用纤维产品。

为避免过度装修导致的空气污染物浓度超标，在进行室内装修设计时，宜进行室内环境质量预评价，设计时根据室内装修设计方案和空间承载量、材料的使用量、室内新风量等因素，对最大限度能够使用的各种材料的数量做出预算。根据工程项目设计方案的内容，分析、预测该工程项目建成后存在的危害室内环境质量因素的种类和危害程度，提出科学、合理和可行的技术对策措施，作为该工程项目改善设计方案和项目建筑材料供应的主要依据。

5.7.2　因使用的施工建材、施工辅助材料以及施工工艺不合规范，造成建筑建成后室内环境长期污染难以消除的问题，以及对施工人员健康产生危害的问题，是目前较为普遍的问题。为杜绝此类问题，必须严格按照《民用建筑室内环境污染控制规范》《室内建筑装饰装修材料有害物质限量》等的规定，选用施工材料及辅助材料，鼓励选用更绿色、健康的材料，鼓励改进施工工艺。

　　目前采用的有关建筑材料的放射性和有害物质主要现行国家标准有：

　　1《建筑材料放射性核素限量》（GB 6566 - 2001）。

　　2《室内装饰装修材料人造板及其制品中甲醛释放限量》（GB 18580 - 2001）。

　　3《室内装饰装修材料溶剂木器涂料中有害物限量》（GB 18581 - 2009）。

　　4《室内装饰装修材料内墙涂料中有害物质限量》（GB 18582 - 2008）。

　　5《室内装饰装修材料胶粘剂中有害物质限量》（GB 18583 - 2008）。

6《室内装饰装修材料木家具中有害物质限量》(GB18584-2001)。

7《室内装饰装修材料壁纸中有害物质限量》(GB 18585-2001)。

8《室内装饰装修材料聚氯乙烯卷材地板中有害物质限量》(GB 18586-2001)。

9《室内装饰装修材料地毯、地毯衬垫及地毯用胶粘剂中有害物质释放限量》(GB 18587-2001)。

10《室内装饰装修材料混凝土外加剂释放氨的限量》(GB 18588-2001)。

11《民用建筑工程室内环境污染控制规范》(GB 50325-2010)。

5.8 建筑工业化

5.8.1 将大部分建筑产品的生产过程在工厂完成,在现场仅进行相对简单的拼装工作是国际建筑业的发展潮流,也是我国建筑业的努力方向。这样做将保证建筑质量,提高建筑的施工精度,缩短工期,提高材料的使用效率,降低能源消耗,同时减轻建造过程中对环境的污染。

工业化装配式体系主要包括预制混凝土体系(由预制混凝土板、柱等构件组成)、钢结构体系(在工厂生产加工、现场连接组装的方式)、复合木结构等及其配套产品体系。

工业化部品包括装配式隔墙、复合外墙、整体厨卫等以及成品门、窗、栏杆、百叶、雨棚、烟道等以及水、暖、电、卫生设备等。

5.8.2 模数协调是标准化的基础，标准化是建筑工业化的根本，建筑的标准化应该满足社会化大生产的要求，满足不同设计单位、生产厂家、建设单位能在统一平台上共同完成建筑的工业化建造。不依照模数设计，尺度种类过多，就难以进行工业化的生产，对应的模数协调问题就显得尤为重要。建筑工业化应遵循相关标准进行设计。房屋的建筑、结构、设备等设计宜参考模数设计原则，并协调部件及各功能部位与主体间的空间位置关系。强化建筑模数协调的推广应用将有利于推动建筑工业化快速发展。

标准化设计应不仅包括平面设计，而且应包括建筑构件、建筑部品的设计，这些是建筑部品工业化生产、安装的至关重要的前提。教学楼、办公和宿舍等建筑的相当数量的房间平面、功能、装修相同或相近，对于这些类型的建筑宜进行标准化设计。标准化设计的内容不仅包括平面空间，还应对建筑构件、建筑部品等进行标准化、系列化设计，以便进行工业化生产和现场安装。

5.8.3 现场干式作业与湿作业相比可更有效保证现场施工质量，降低现场劳动强度，施工过程更环保、卫生，并可在不降低施工质量的前提下，缩短工期，符合建筑工业化的国际潮流。工业化的装修方式是将装修部分从结构体系中拆分出来，合理地分为隔墙系统、天花系统、地面系统、厨卫系统等若干系统，最大限度地推进这些系统中相关部品的工业化生产，减少现场操作，这样做可大大提高部品的加工和安装精度，提高装修质量，缩短工期，是绿色建筑今后的发展方向。

5.8.4 预拌混凝土和预拌砂浆技术、产品已经成熟，推广采用这样的产品、技术有利于我国推动建筑工业化进程，提升建筑产品品质。

5.8.5 为了使建筑的室内分隔方式可以更加灵活多样，设备的维护、更新可以更加方便，宜采用结构构件与设备、装修分离的方式，以保证结构主体不被设备管线、装修破坏，装修空间不受结构主体约束。

5.9 延长建筑寿命

5.9.1 建筑建成之后在使用过程中因为各种条件的变化，会出现建筑设备更新、平面布置变化的情况。在设计阶段考虑为这些情况预留变更、改善的余地，是符合全寿命周期原则的。具体措施可考虑在室内设置轻质隔墙、隔断，设备布置便于灵活分区，空间设计上考虑易于设备机器、管道的更新。

5.9.2 建筑的各种五金配件、管道阀门、开关龙头等应考虑选用长寿命的优质产品，构造上易于更换。幕墙的结构胶、密封胶等也应选用长寿命的优质产品。

5.9.3 在选择外墙装饰材料时（特别是高层建筑时），宜选择耐久性较好的材料，以延长外立面维护、维修的时间间隔。我国建筑因为造价低廉，外墙装饰材料选用涂料、面砖的比较多。涂料每隔5年左右需要重新粉刷，维护费用较高，高层建筑尤为突出。面砖则因为施工质量的原因经常脱落，应用在高层建筑上容易形成安全隐患，所以在仅使用化学黏结剂固定面砖时，应采取有效措施防止其脱落。此外室外露出的钢制部件宜使用不锈钢、热镀锌等进行表面处理或采用铝合金等部件防腐性能较好的产品进行替代。

5.9.4 现行国家标准《建筑结构可靠度设计统一标准》（GB 50068），根据建筑的重要性对其结构设计使用年限作了相应规定。这个规定是最低标准，结构设计不能低于此标准，但业主可以要求提高结构设计使用年限，此时结构构件的抗力及耐久性设计应满足相应设计使用年限的要求。

结构生命周期越长，单位时间内对资源消耗、能源消耗和环境影响越小，绿色性能越好。而我国建筑的平均使用寿命与国外相比普遍偏短，因此提倡适当延长结构生命周期。

5.9.5 国家规范规定的结构可靠度是最低要求，可以根据业主要求适当提高结构的荷载富裕度、抗风抗震设防水准及耐久性水平等，这也是提高结构的适应性、延长建筑寿命的一个方面。

5.9.6 要区分"结构设计使用年限"和"建筑寿命"之间的不同。结构设计使用年限到期，并不意味建筑寿命到期，只是需要进行全面的结构技术检测鉴定，根据鉴定结果，进行必要的维修加固，满足结构可靠度及耐久性要求后仍可继续使用，以延长建筑寿命。

5.9.7 对改扩建工程，应尽可能保留原建筑结构构件，避免对结构构件大拆大改。

6 建筑材料

6.1 一般规定

6.1.1 绿色学校设计应通过控制建筑规模、集中体量、减小体积，优化结构体系与设备系统，使用高性能及耐久性好的材料等手段，减少在施工、运行和维护过程中的材料消耗总量，同时考虑材料的循环利用，以达到节约材料的目标。

6.1.2 每种材料都牵涉到质量、能耗、运输、功能、性能、施工工艺等多个方面的指标，影响总体绿色目标的实现。因此不可仅按照材料单一或几项指标进行选用，而忽视其他指标的负面影响，而应通过对材料的综合评估进行比较和筛选，按照集成、平衡、共享的理念，在有限的条件下达到最优的绿色效应。

施工图中对材料性能指标的明确信息，可以保证实际使用材料以及工程预算的准确性。节能计算等预评估计算是绿色学校设计必需的控制手段，应保证计算输入的材料参数与施工图设计选用的材料一致，以保证计算的有效性。

6.2 节　材

6.2.1 绿色学校设计应避免设置超越需求的建筑功能及空间，材料的节省首先有赖于建筑空间的高效利用；每一功能空间的大小应根据使用需求来确定，不应设置无功能空间，或随意扩大过渡性和辅助性空间。

建筑体量过于分散，则其地下室、屋顶、外墙等的外围护材料和施工、维护耗材等都将大量增加，因此应尽量将建筑集中布置；另一方面，由于高层建筑单位面积的结构、设备等材料消耗量较高，所以在集中的同时尚应注意控制高层建筑量。层高的增加会带来材料用量的增加，尤其高层建筑的层高需要严格控制。降低层高的手段包括优化结构设计和设备系统设计、不设装饰吊顶等。

6.2.2 一体化设计是节省材料用量的重要手段之一。土建和装修一体化设计可以事先统一进行建筑构件上的孔洞预留和装修面层固定件的预埋，避免在装修施工阶段对已有建筑构件打凿、穿孔，既保证了结构的安全性，又减少了噪声和建筑垃圾；一体化设计可减少材料消耗，并降低装修成本。同时，一体化设计也应考虑用户个性化的需求。

设备系统已成为现代建筑中必不可少的组成部分。给水、排水、热水、饮水、采暖、通风、空调、燃气、照明、电话、网络、有线电视等等构成了建筑设备工程丰富的内容，通过优化设备系统的设计可以减少材料的用量。管线综合设计可以避免在施工过程中出现碰撞、难于排放、返工，从而避免了材料的浪费。建筑设备管线综合设计在遵守各专业的工艺、规范要求的前提下，应遵守下列避让原则：小管避大管、临时管线避让长期管线、新建管线避让原有管线等原则。

6.2.3 建筑材料用量中绝大部分是结构材料。在设计过程中应根据建筑功能、层数、跨度、荷载等情况，优化结构体系、平面布置、构件类型及截面尺寸的设计，充分利用不同结构材料的强度、刚度及延性等特性，减少对材料尤其是不可再生资源的消耗。对于场地浅层土承载力偏低、压缩性偏大，但深层土承载力较高、压缩性较小时，采用天然地基可避免基础埋深过大；也可采用人工地基减少对建筑材料的消耗；预制桩或预应力混凝土管桩等在节材方面具有优势。

6.2.4 采用高强高性能混凝土可以减小构件截面尺寸和混凝土用量，增加使用空间；梁、板及层数较低的结构可采用普通混凝土。选用轻质高强钢材可减轻结构自重，减少材料用量。《绿色建筑评价标准》（GB/T 50378 – 2006）要求，对于高层钢结构建筑，Q345GJ、Q345GJZ 等强度较高的高性能钢材用量占钢材总量的比例不低于 70%。在普通混凝土结构中，受力钢筋优先选用 HRB400级热轧带肋钢筋；在预应力混凝土结构中，宜使用中、高强螺旋肋钢丝以及三股钢绞线。《绿色建筑评价标准》（GB/T 50378 – 2006）要求，6 层以上的建筑，钢筋混凝土结构中的受力钢筋占钢筋总量的 70%以上。

6.3 材料利用

6.3.1 为降低建筑材料生产过程中天然和矿产资源的消耗，本条鼓励建筑设计时选择节约资源的建筑材料。

6.3.2 建筑材料从获取原料、加工运输、成品制作、施工安装、维护、拆除、废弃物处理的全寿命周期中会消耗大量能源。在此过程中耗能少的材料更有利于实现建筑的绿色目标。

为降低建筑材料生产过程中能源的消耗，本条鼓励建筑设计阶段选择节约能源的建筑材料。绿色奥运建筑评估体系中提供的公式及数据，可为初步设计阶段选择能源消耗低的建筑材料提供依据。

6.3.3 为降低建筑材料生产过程中对环境的污染，最大限度地减少温室气体排放，保护生态环境,本条鼓励建筑设计阶段选择对环境影响小的建筑体系和建筑材料,按照绿色奥运建筑评估体系中提供的公式及数据,可为设计者初步设计阶段选择对环境污染小的建筑材料提供依据。鼓励建筑设计中采用本身具有装饰效果的建筑材料,目前此类材料中应用较多的有:清水混凝土、清水砌块、饰面石膏板等。这类材料的使用舍去了涂料、饰面等额外的装饰,同时减少了装饰材料中有毒气体的排放。

6.3.4 建筑中可再循环材料包含两部分内容,一是使用的材料本身就是可再循环材料;二是建筑拆除时能够被再循环利用的材料。可再循环材料主要包括:金属材料(钢材、铜)、玻璃、石膏制品、木材等。不可降解的建筑材料如聚氯乙烯(PVC)等材料不属于可循环材料范围。充分使用可再循环材料及可再利用材料可以减少新材料的使用及生产加工新材料带来的资源、能消耗和环境污染,对于建筑的可持续性具有非常重要的意义。

可再利用材料指在不改变所回收物质形态的前提下进行材料的直接再利用,或经过再组合、再修复后再利用的材料。可再利用材料的使用可延长还具有使用价值的建筑材料的使用周期,降低材料生产的资源消耗,同时可减少材料运输对环境造成的影响。可再利用材料包括从旧建筑拆除的材料以及从其他场所回收的旧建筑材料。可再利用材料包括砌块、砖石、管道、板材、木地板、木制品(门窗)、钢材、钢筋、部分装饰材料等。

用于生产制造再生材料的废弃物主要包括建筑废弃物、工业废弃物和生活废弃物。在满足使用性能的前提下,鼓励使用利用建筑废弃物再生骨料制作的混凝土砌块、水泥制品和配制再生混凝土;鼓励使用利用工业废弃物、建筑垃圾、淤泥为原料制作的水泥、混凝土、墙体材料、保温材料等建筑材料;鼓励使用生活废弃物经处理后制成的建筑材料。

在设计过程中，应最大限度利用建设用地内拆除的或其他渠道收集得到的旧建筑的材料，以及建筑施工和场地清理时产生的废弃物等，延长其使用期，达到节约原材料、减少废物的目的，同时也降低由于更新所需材料的生产及运输对环境的影响。设计中需考虑的回收物包括木地板、木板材、木制品、混凝土预制构件、铁器、装饰灯具、砌块、砖石、钢材、保温材料、玻璃、石膏板、沥青等。

可快速再生的天然材料指持续的更新速度快于传统的开采速度（从栽种到收获周期不到10年）。可快速更新的天然材料主要包括树木、竹、藤、农作物茎秆等在有限时间阶段内收获以后就可更换的资源。我国目前主要的产品有：各种轻质墙板、保温板、装饰板、门窗等等。快速再生天然材料及其制品的应用一定程度上可节约不可再生资源，并且不会明显地损害生物多样性，不会影响水土流失和影响空气质量，是一种可持续的建材，它有着其他材料无可比拟的优势。但是木材的利用需要以森林的良性循环为支撑，采用木结构时，应利用速生丰产林生产的高强复合工程用木材，在技术经济允许的条件下，利用从森林资源已形成良性循环的国家进口的木材也是可以鼓励的。

本地材料是指距离施工现场500km以内的材料。绿色建筑除要求材料有优异的使用性能外，还要注意材料运输过程中是否节能和环保，因此应充分了解当地建筑材料的生产和供应的有关信息，以便在设计和施工阶段尽可能实现就地取材，减少材料运输过程资源、能源消耗和环境污染。

6.3.5 室内空气中甲醛、苯、甲苯、有机挥发物、人造矿物纤维是危害人体健康的主要污染物。为积极地提供有利于人体健康的环境，本条鼓励选用具有改善居室生态环境和保健功能的建筑材料。现在国内开发很多有利于改善室内环境及人体健康的材料，如具有抗菌、防霉、除臭、隔热、调湿、防火、防射线、抗静电等功能的多功能材料。这些新材料的研究开发为建造良好室内空气质量提供了基本的材料保证。随着人们对室内环境的热舒适要求越来越高，建筑能耗也相应随之增大，造成能源消耗持续增长，为达到舒适度和节能的双赢，人们正进行着积极的探索。如：在建筑围护结构中加入相变储能构件，提供了一种改善室内热舒适性、降低能耗和缓解对大气环境负面影响的有效途径。

6.3.6 绿色建筑提倡采用耐久性好的建筑材料，可保证建筑物使用功能维持时间长，延长建筑使用寿命，减少建筑的维修次数，从而减少社会对材料的需求量，也减少废旧拆除物的数量，采用耐久性好的建筑材料是最大的节约措施之一。

6.3.7 轻集料混凝土按轻集料的种类分为：天然轻集料混凝土、人造轻集料混凝土、工业废料轻集料混凝土。采用轻集料混凝土是建材轻量化的重要手段之一，轻集料混凝土大量应用于工业与民用建筑及其他工程，可以节约材料用量、减轻结构自重、减少地基荷载。同时使用轻集料混凝土还可提高结构的抗震性能、提高构件运输和吊装效率及改善建筑功能等。

　　采用轻钢以及金属幕墙等建材是建材轻量化的最直接有效的办法，直接降低了建材使用量，进而减少建材生产能耗和碳排放。

7 暖通空调

7.1 一般规定

7.1.1 建筑设计应充分利用自然条件，采取保温、隔热、遮阳、自然通风等被动措施减少暖通空调的能耗需求。建筑物室内空调系统的形式应根据建筑功能、空间特点和使用要求综合考虑确定。

7.1.2 计算机能耗模拟技术是为建筑节能设计开发的，可以方便地在设计过程中的任何阶段对设计进行节能评估。利用建筑物能耗分析和动态负荷模拟等计算机软件，可估算建筑物整个使用期能耗费用，提供建筑能耗计算及优化设计、建筑设计方案分析及能耗评估分析，使得设计可以从传统的单点设计拓展到全工况设计。大型学校建筑和建筑围护结构不满足节能标准要求时，应通过计算机模拟手段分析建筑物能耗，改进和完善空调系统设计。

7.1.3 冷热源形式的确定，影响能源的使用效率；而各地区的能源种类、能源结构和能源政策也不尽相同。任何冷热源形式的确定都不应该脱离工程所在地的条件。绿色建筑倡导可再生能源的利用，但可再生能源的利用也受到工程所在地的地理条件、气候条件和工程性质的影响。有些工程项目从近期看，可再生能源所能实现的经济效益也许不够高；但从长远看如果其节能效果明显，就应该优先考虑（直接或间接利用）。邻近河流、湖泊的建筑，经过技术经济比较合理时，宜采用水源热泵（地表水）作为建筑的集中冷源。在技术、经济许可的条件下，宜采用土壤源热泵或水源热泵作为建筑空调、采暖系统的冷热源。

7.1.4 这里强调对整个建筑物的用能效率进行整体分析，而不是片面地强调某一个机电系统的效率，如利用热泵系统在提供空调冷冻水的同时提供生活热水、回收建筑排水中的余热作为建筑的辅助热源（污废水热泵系统）等。

7.1.5 室内环境参数标准涉及舒适性和能源消耗，科学合理地确定室内环境参数，不仅是满足室内人员舒适的要求，也是为了避免片面追求过高的室内环境参数标准而造成能耗的浪费。鼓励通过合理、适宜的送风方式、气流组织和正确的压力梯度，提高室内的舒适度和空气品质，不提倡片面追求过大的新风量标准、夏季过低的室内温度的方式和做法。

7.1.6 强调设备容量的选择应以计算为依据。全年大多时间，空调系统并非在 100%空调设计负荷下工作。部分负荷工作时，空调设备、系统的运行效率同 100%负荷下工作的空调设备和系统有很大差别。在空调冷、热源设备和空调系统形式的确定时，要求充分考虑和兼顾部分负荷时空调设备和系统的运行效率，力求全年综合效率最高。

7.1.7 为了满足部分负荷运行的需要，能量输送系统，无论是水系统还是风系统，经常采用变流量的形式。通过采用变频节能技术满足变流量的要求，可以节省水泵或风机的输送能耗；夜间冷却塔的低速运行还可以减少其噪声对周围环境的影响。

7.2 暖通空调冷热源

7.2.1 余热利用是最好的节能手段之一。城市供热网多为电厂余热，或大型燃煤供热中心，其一次能源利用效率较高，污染物治理可集中实现。优先使用此类热源，有利于大气环境的保护和节能。

7.2.4 蓄能空调系统虽然不是节能措施，但是可以为用户节省空调系统的运行费用，同时对电网起到移峰填谷作用；提高电厂和电网的综合效率，也是节能环保的重要手段之一。

7.3 通风系统

7.3.1 在大部分地区，空调系统的新风能耗占空调系统总能耗的 1/3，所以减少新风能耗对建筑物节能的意义非常重大。室内外温差越大、温差大的时间越长，排风能量回收的效益越明显。由于在回收排风能量的同时也增加了空气侧的阻力和风机能耗，所以本条规定一方面强调在过渡季节设置旁通，减少风侧阻力；另一方面，由于热回收的效益与各地气候关系很大，所以应经过技术经济比较分析，满足当地节能标准，确定是否采用、采用何种排风能量回收形式对新风进行预冷（热）处理。

7.3.2 新风量的变化在满足人员卫生标准的前提下，应根据室外气候和室内负荷适当改变新风送风量。这里强调的是在设计上要为这种变化的可能留有充分的条件，包括新风口的大小、风机的大小、排风量的变化能够适应新风量的改变，从而维持房间的空气平衡。

7.3.3 不同的通风系统，利用同一套通风管道，通过阀门的切换、设备的切换、风口的启闭等措施实现不同的功能，既可以节省通风系统的管道材料，又可以节省风管所占据的室内空间，是满足绿色建筑节材、节地要求的有效措施。

7.3.4 本条强调这些特殊房间排风的重要性，因为个别房间的异味如果不能及时、有效地迅速排除，可能影响整个建筑的室内空气品质。

8 给水排水

8.1 一般规定

8.1.1 在进行绿色学校设计前，应充分了解项目所在区域的市政给排水条件、水资源状况、气候特点等客观情况，综合分析研究各种水资源利用的可能性和潜力，制订水系统规划方案，提高水资源循环利用率，减少市政供水量和污水排放量。

水系统规划方案，包括但不限于以下内容：

1 当地政府规定的节水要求、地区水资源状况、气象资料、地质条件及市政设施情况等的说明。

2 用水定额的确定、用水量估算（含用水量计算表）及水量平衡表的编制。

3 给排水系统设计说明。

4 采用节水器具、设备和系统的方案。

5 污水处理设计说明。

6 雨水及再生水等非传统水源利用方案的论证、确定和设计计算与说明。

制订水系统规划方案是绿色建筑给排水设计的必要环节，是设计者确定设计思路和设计方案的可行性论证过程。水系统规划方案应包括中水、雨水等非传统水源综合利用的内容。

8.2 非传统水源利用

8.2.1 为确保非传统水源的使用不带来公共卫生安全事件，供水系统设计中应保证采取了防止误接、误用、误饮的措施。当建筑内自建中水处理站时，应明确中水原水量、原水来源、水处理设备规模、水处理流程、中水供应位置、系统设计、防止误接误饮措施。当采用自建中水站供应中水时，中水水源可依次考虑建筑优质杂排水、杂排水、生活排水等，应根据《建筑中水设计规范》（GB 50336－2002）进行设计，并根据《建设工程设计文件编制深度规定》（2008年版）提供设计文件。

8.2.3 当学校内设有景观水体时，不得采用市政给水作为景观用水。根据雨水或再生水等非传统水源的水量和季节变化的情况，设计合理的水景面积，避免美化环境却大量浪费宝贵的水资源。景观水体的规模应根据景观水体所需补充的水量和非传统水源可提供的水量确定，非传统水源水量不足时应缩小水景规模。景观水体采用雨水补水时，应考虑旱季景观，确保雨季观水，旱季观石；景观水体采用中水补水时，应采取措施避免发生景观水体的富营养化问题。采用生物措施就是在水域中人为地建立起一个生态系统，并使其适应外界的影响，处在自然的生态平衡状态，实现良性可持续发展。景观生态法主要有三种，即曝气法、生物药剂法及净水生物法。其中净水生物法是最直接的生物处理方法。目前利用水生动、植物的净化作用，吸收水中养分和控制藻类，将人工湿地与雨水利用、中水处理、绿化灌溉相结合的工程实例越来越多，已经积累了很多的经验，可以在有条件的项目中推广使用。

8.2.5 设置雨水入渗设施时，应符合下列规定：

1 绿地雨水宜就地入渗。

2 非机动车通行的硬质地面宜采用透水铺装地面入渗。

3 不应对周围建筑物、构筑物的基础产生不利影响。

8.3 给水排水系统

8.3.1 合理的供水系统是给排水设计中达到节水、节能目的的保障。为减少建筑给水系统超压出流造成的水量浪费，应从给水系统的设计、合理进行压力分区、采取减压措施等多方面采取对策。另外，设施的合理配置和有效使用，是控制超压出流的技术保障。减压阀作为简便易用的设施在给水系统中得到广泛的应用。在执行本条款过程中还需做到：掌握准确的供水水压、水量等可靠资料；满足卫生器具配水点的水压要求。

8.4 节水措施

8.4.1 管网漏失水量包括：室内卫生器具漏水量、屋顶水箱漏水量和管网漏水量。采用水平衡测试法检测建筑/建筑群管道漏损量，其漏损率应小于自身高日用水量的 5%，同时适当地设置检修阀门也可以减少检修时的排水量。

并应符合下列规定：

1 采用的管材和管件应符合现行国家标准的要求。管材和管件的工作压力不得大于产品标准标称的允许工作压力。

2 管材和管件宜采用同一材质。

3 管材与管件连接应密封可靠。

4 采用高性能的阀门。

5 选择适宜的管道基础处理方式，并控制管道埋深。

8.4.2 本着"节流为先"的原则，根据用水场合的不同，合理选用节水水龙头、节水便器、节水淋浴装置等。节水器具可做如下选择：

1 公共卫生间洗手盆应采用感应式水嘴或延时自闭式水嘴。

2 蹲式大便器、小便器宜采用延时自闭冲洗阀、感应式冲洗阀。

3 坐式大便器宜采用设有大、小便分挡的冲洗水箱；不得使用一次冲洗水量大于 6 L 的坐式大便器。

4 水嘴、淋浴喷头宜设置限流配件。

8.4.4 绿化灌溉鼓励采用微喷灌、滴灌、渗灌等节水灌溉方式；鼓励采用湿度传感器或根据气候变化调节的控制器。

8.4.6 按使用性质设水表是供水管理部门的要求。绿色学校设计中应将水表适当分区集中设置或设置远传水表；当建筑项目内设建筑自动化管理系统时，建议将所有水表计量数据统一输入该系统，以达到漏水探查监控的目的。并应符合下列规定：

1 各建筑的用水部位均应设置水表计量。

2 不同用途的用水部位均应设置水表计量。

3 学生宿舍卫生间、公共浴室等用水部位宜采用智能流量控制装置。

4 应按照管网漏损检测的要求设置水表。

9 建筑电气

9.1 一般规定

9.1.1 在方案设计阶段，应制订合理的供配电系统方案，优先利用市政提供的可再生能源，并尽量设置变配电所和配电小间居于用电负荷中心位置，以减少线路损耗。在《绿色建筑评价标准》（GB/T 50378－2006）中，"建筑智能化系统定位合理，信息网络系统功能完善"作为一般项要求。因此，作为绿色建筑，应根据《智能建筑设计标准》GB 50314、《智能建筑工程质量验收规范》GB 50339 中所列举的各功能建筑的智能化基本配置要求，并从各项目的实际情况出发，选择合理的建筑智能化系统。

在方案设计阶段，合理采用节能技术和节能设备，使各种节能技术和节能设备进行合理有机的搭配，以最大化地节约能源。

9.1.4 一般情况下，风力发电装置设置在风力条件较好的地块周围或建筑屋顶，或者没有遮挡的城市道路及公园，故可采取以下措施以避免噪声干扰：

1 在建筑周围或城市道路及公园安装风力发电机时，宜优先采用单台功率小于 50kW 的风力发电机组。

2 若在建筑物之上架设风力发电机组，风机风轮的下缘宜高于建筑物屋面 2m，风力发电机的总高度不宜超过 4m，单台风机安装容量宜小于 10kW。

3 风力发电机应选用静音型产品。

4 风机塔架应根据不同地区和环境条件进行设计,安装时应有可靠的基础。

9.3 照 明

9.3.1 在照明设计时,应根据照明部位的自然环境条件,结合自然采光与人工照明的灯光布置形式,合理选择照明控制模式。在项目经济条件许可的情况下,为了灵活地控制和管理照明系统,并更好地结合人工照明与自然采光设施,宜设置智能照明控制系统以提高建筑品质,同时还可利用各种先进技术达到节约电能目的。如当室内自然采光随着室外自然光的强弱变化时,室内的人工照明应按照人工照明的照度标准,利用光传感器自动关掉/开启或调暗/亮一部分灯,这样做有利于节约能源和照明电费,并能提高室内环境品质。

9.3.2 选择合理的照度指标是照明设计的前提和基础,在照明设计中,我们应首先根据教室内各区域的使用功能需求来选择合理的照度指标,采用一般照明和局部照明结合的方式。由于局部照明可根据需求进行灵活开关控制,从而可进一步减少能源的浪费。

9.3.5 《建筑照明设计标准》GB 50034 中规定,长期工作或停留的房间或场所,照明光源的显色指数(Ra)不宜小于 80。《建筑照明设计标准》GB 50034 中的显色指数(Ra)值是参照 CIE 标准《室内工作场所照明》S008/E-2001 制定的,而且当前的光源和灯具产品也具备这种条件。作为绿色建筑,我们应更加关注室内照明环境的质量。

9.3.7 在《建筑照明设计标准》GB50034 中,提出 LPD 要求不超过限定值的要求，同时提出了 LPD 的目标值，此目标值可能在几年之后要实行，因此，作为绿色学校，宜满足《建筑照明设计标准》GB 50034 规定的目标值要求。

9.4　计量与智能化

9.4.1　作为绿色建筑，针对建筑的功能、归属等情况，对照明、电梯、空调、给排水等系统的用电能耗宜采取分区、分项计量的方式，对照明除进行分项计量外，还宜进行分区或分层、分户的计量，这些计量数据可为将来运营管理时按表进行收费提供可行性，同时，还可为专用软件进行能耗的监测、统计和分析提供基础数据。

教学楼、实验楼照明系统的下列设备应按楼栋、每间教室或实验室分别计量：照明灯具插座、室外景观照明。图书馆、体育馆等照明系统的下列设备应按楼栋或区域分别计量：照明灯具插座、电热设备、室外景观照明。学生宿舍照明系统的下列设备应按楼栋、每间宿舍分别计量。特殊区域用电应按区域单独计量，主要包括信息中心、厨房餐厅等。

一般来说，计量装置应集中设置在电气小间或公共区等场所。当受到建筑条件限制时，分散的计量装置将不利于收集数据，因此采用卡式表具或集中远程抄表系统能减轻管理人员的抄表工作。

9.4.2　当学校建筑中设置有空调机组、新风机组等中央空调系统时，应设置建筑设备监控管理系统，以最大化地实现绿色建筑中利用资源、管理灵活、应用方便、安全舒适等要求，并可达到节约能源的目的。

9.4.3 在条件许可时，学校建筑宜设置建筑设备能源管理系统，如此可利用专用软件对以上分项计量数据进行能耗的监测、统计和分析，以最大化地利用资源、最大限度地减少能源消耗。同时，可减少管理人员配置。